社群故事
圈粉術

將流量變現，讓興趣為你工作

街頭故事 李白 文·圖

有夢想，就值得更好的生活！

六指淵 Huber

　　嗨，我是六指淵，我除了是李白的大學室友，也是那個見證他從在市集擺攤賣似顏繪，到現在擁有十八萬粉絲的事業夥伴。李白是個很聰明的人，懂得不斷優化自己當下的商業模式。以前大學時期，光是看他擺攤一天就能賺兩到三萬，就覺得這個人在做的事情好 Chill。小時候長輩都說，學畫畫，當興趣就好；真的當畫家嘛，不是窮死就是餓死；結果李白經過了百般嘗試後，還是找到了可以靠畫畫好好賺錢的方法。

　　不管你的專長是什麼，其實道理都是一樣的。你要考慮的，不一定是如何擁有更多客人，有時候更要思考如何才有辦法將自己提供的服務拉得更高。就像我做的是特效，如果只是像一般外包那樣做好一支作品，那麼我就只能賺這勞力密集的成本價；但如果我能夠提供附加價值，比如入鏡演出、置入廣告，或是曝光給更多人看見，就有機會將價位拉高到五至十倍以上，效益其實是很驚人的。

能做到這種程度的話，你的技術就不是重點了，附加價值才是。到時候，只要管理好成本，你可以將技術的部分外包給別人，自己只要提供「只有我可以提供的價值」就可以了，這樣就能更輕鬆地賺取收入，不需要，也不必什麼事情都自己做。

　　李白這些年來成長了非常多，每一次嘗試都可說是「刻骨銘心」，而本書更是濃縮了他所有的精華與心法；重點是，他是真的有做出成績的人。每次遇到他，我們都在討論下一個新的事業階段──說不定李白下一本書的主題就是如何靠興趣買房了呢（笑）。

　　總之，相信這本書絕對能幫助有夢想，也有一技之長的你，找到新的突破方向，創造更好的生活！

（本文作者為無限設計學院創辦人）

二十歲世代社群經營者的入門寶典

林啟維

　　我跟李白的關係很有趣：我既是他在商業合作上的客戶──我們合作過一款集資桌遊《小故事》，我們後來開發了「Portaly 傳送門」社群經營工具，李白也是我們最早的合作夥伴之一。

　　從客戶的角度而言，李白是我見過數一數二專業的創作者。我所謂的專業，不單單只是技術面或互動得宜，而是兼具三項對創作者極為重要的能力：

　　一、超高的紀律：從溝通談吐到時間規畫，可以有條不紊地完成原先設定好的任務。對客戶來說，這是建立高度信任的基礎；先有信任，才有機會談創造價值。創作者不論是在專業磨練、社群經營或顧客管理上，都需要給自己最高標準的紀律，否則即使爆紅了，也會很快消退。

　　二、超強的執行力：本書中提到的技巧，李白幾乎都有親身經歷。從想做到開始做，從做一件事到做好一件事，

再從做好一件事到做好很多事。

三、敢於冒險的勇氣：街頭故事可以在這個年紀（大學畢業兩年內）就創造出這樣的成績，除了努力付出，我認為最重要的，是他非常敢嘗試。敢於冒險、不怕失敗，是李白成為許多領域領先者的原因。

基於這三點，我推薦本書給年輕創作者做為經營寶典。

另外，若以「品牌經營」角度看待本書，我認為有兩大值得學習的重點：

一、價值創造

● 發現獨特性：若想把興趣或喜好變成工作，本書能帶領讀者了解自己的獨特性。

● 提升專業度：興趣一旦變成工作，就不能再把自己當成素人，本書將說明如何讓專業變成有價的服務。

● 思考客戶端：太多創作者想的是「我喜歡……」，但商業化的過程中，同時也要了解客戶的想法。書中也會不斷切換到客戶視角，來看待內容經營。

二、品牌定位

街頭故事最強的地方，就是將平凡的故事，透過第三方視角，變成觸動人心的經歷。不同的內容、觀眾，都需要不同的敘事與引導方式。本書也透過許多範例、流程以說明怎麼幫自己定位。

在經營方面的說明，本書也提供許多平臺、工具等參考範例。從 IG、YouTube 的社群經營，到傳送門的工具應用；從內容製作、到 call-to-action 的「行動呼籲」引導，是一本面面俱到的實戰手冊。

總結來說，本書可以幫助創作者們從了解自己，到自我實現。書中提到的方法與技巧值得反覆咀嚼，但同時也需要投入時間磨練。若經歷幾十次的失敗，才有一、兩次的成功，其實都是很正常的事。只要能持之以恆，到時候的成功就是你的了！

（本文作者為連續創業家，目前為「Portaly 傳送門」產品總監）

目錄

第 1 章

怎麼靠興趣養活自己？

第 2 章

讓你的興趣與眾不同──品牌價值設計

第 3 章

什麼？創作者還得學會講故事？
──故事體驗設計

第 4 章

為什麼我的社群都做不起來？
——社群經營設計

把興趣當工作，和你想的不一樣

　　高中時，我念的是設計科系。有一天，正好期末考結束，老師請了一位全職插畫家來班上演講，分享自己因熱愛畫圖走上這條路的甘苦談。

　　印象中，他談吐幽默，是一場精采的演講，作品也非常漂亮。在最後的提問環節中，他坦言：做這一行的人，除非特別有名，否則很多人其實賺得不多，並和同學們分享了自己全職接案、主力放在幫出版社畫書籍插圖的收入：

　　畫一張精緻的全彩插圖，是一千元。

當時剛考完數學考試的我在腦中飛快計算：如果像這樣用畫圖全職賺錢的話，那麼一個月至少要畫出二十二張才能達成當時最低薪資（1000×22 ＝ 22000）的標準，也就是扣掉假日後，幾乎「每天都要畫出一幅這麼厲害的作品」。

雖然對一個全職插畫家來說，**一個月畫二十二張全彩插圖**可能並不強人所難，但是如果把整個流程算進去，就會發現這件事有多困難：包含能不能順利接到案、正式繪製前的事前討論、簽約、範例參考、草圖發想、草稿修改、正式完稿、交稿後修改稿件、處理行政程序、催廠商付費……以上這一切都完美地達成後，才能為自己賺到這個月的飯錢。

那時候的我，看著這行算式震驚地想：哇，**把興趣當飯吃還真是不容易啊**。

對當時還沒出社會的我來說，「做喜歡的事情養活自己」簡直是遙不可及的事情。

不過，過了將近十年後再回頭看，我當時計算的方式其實非常粗糙。除了每張圖的報價會依精細程度與委託對象而異，並不會全都是一千元以外，我也沒有考慮到增加更多多元收入的可能性。這就像坊間流傳的「月薪三萬，要不吃不喝七百個月，才能存到一幢新北市的房子」，先不管買房是否困難，這個「**單價 × 數量**」的計算方式都無法反映真

實的狀況。在這條算式中，忽略了貸款、調薪、額外收入、投資、定存、通貨膨脹等這些重要的因素；並且，也沒有人真的準備不吃不喝七百個月買一幢房子，或者不吃不喝數十年來養大一個小孩。

因此，不論你對「把興趣當飯吃」抱持著樂觀或悲觀的想法，都要先跳脫「單價 × 數量＝能不能養活自己」的思考模式。

事實上，可以考慮進去的因素相當多。收入除了執行興趣本身以外，還有別的可能性嗎？從現實層面來說，假如你選擇自己接案或創業，要如何找到長期穩定的收入來源、學會自己找案子，並靠自己經營社群媒體與管理財務？最後，也得考慮各種風險與時間成本，比如：這項興趣需要多久的準備才能開始產生盈餘？有沒有可能讓你虧損？假設你冒著風險、辭職去做這件事，最後卻不幸沒有順利上軌道的話，重返職場或另尋出路的代價是什麼？

說我自己的故事吧，我從七年前開始在街頭擺攤為陌生人畫人像速寫，一開始，我的一張畫只賣一百元。

這樣聽起來，比開頭提到的插畫家還辛苦得多吧。如果用上面提到最簡單的計算方式來看的話，就會得出這個算式：我一個月內必須成功在街頭賣出兩百五十張畫像，也就

是一個月內順利與陌生人成交兩百五十次（100 元 ×250 張＝25000 元），才能勉強達成現在法定的最低薪資。

對了，上面的算式中還沒扣掉成本，也就是擺攤的攤位費、畫紙與顏料。

……怎麼想都太淒涼了，如果當年的我看到這條算式，肯定會嚇得完全不敢走上人像畫家這條路。

但是這幾年間，我將「畫人像」這門看似賺不到錢的生意發展出屬於自己的商業模式，為自己帶來眾多的商業合作機會及數十種被動收入，也以這個主題發展了高互動率的社群，不但培養了一群跟隨多年的忠實讀者，推出了書籍、線上課程及桌上遊戲，也得到與茶裏王、雲門舞集等知名品牌合作的機會，還把自己的故事授權給劇團推出舞臺劇，最後，我也因為這段「畫人像」的故事而有幸站上 TED Talk 的舞臺。

背後的關鍵，絕對不是「我是天才畫家」這種原因。

事實上，雖然身為一名畫家，我的畫技卻並不出眾。在經營社群媒體初期，我除了生活花費，也幾乎沒有額外的資金可在自己的貼文上投放廣告。

在「把興趣當飯吃」這條路上的開頭，我就只是個很一般、剛從設計系畢業的普通大學生而已。

這本書將會分享我把興趣當成工作後，透過經營社群達成各種目標的方式。

　　我的祕訣就是：**雖然我是人像畫家，但我必須在「畫人像」以外的事情下足功夫。**

　　很多人一想到「靠興趣吃飯」，就掉入了「只能不斷做同一件事來賺錢」的陷阱裡，第一個念頭往往就是：**假如我想靠藝術為生，那就每天拚命地畫畫吧。**

　　但是，這些畫賣出去之後就不關你的事了，即使畫作的價格隨著你的名氣水漲船高，也都已經和你沒有關係。如果想賺下個月的生活費，你還是只能埋首在工作室裡畫出下一張畫，做一單賺一單。

　　大家都以為，這就是靠興趣賺錢的全貌。

　　想靠著這個方式致富的方法只有一種：就是祈禱自己在業界中成為頂尖大師，幸運的話，還能被出手闊綽的買家

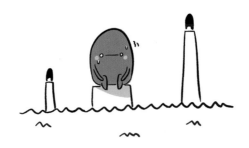

看見，最後在各大媒體一夕成名。

　　但這種成功的機率相對很低，只有一％的天才能成為佼佼者，剩下的大多數人則會成為大家口中「靠創作吃飯會餓死」的實例。

　　以我做為人像畫家的故事來看，我雖然也畫人像，卻在「畫人像以外的地方」下足了功夫。首先，我在這幾年培養了一批穩固、可信任的繪師團隊；除了開放網路訂製，也將銷售的畫作依精緻程度分成不同價位、販售實體畫及電子檔，並推出加價購方案，將畫作依買家的不同需求製作成無框畫、絲巾、手機桌布等。

　　我也推出了「畫人像結合傾訴體驗」的服務，並建立自己的角色 IP 授權給不同廠商，製作成不同周邊商品，甚至連我畫人像畫本身的故事也改編成書籍、授權給劇團演出

舞臺劇。在創立社群媒體後，人像作品帶來的流量也成為我重要的資產，不但能與不同廠商洽談業配，媒體的曝光也為我帶來前往各學校及企業演講、授課的機會。

最後，我在這條路上學到的「教人畫人像、經營自媒體」這兩項技能本身，也能成為商品，進一步推出線上課程，為我帶來被動收入。

同樣是以興趣為工作，前一種方式將所有成功的機會賭在「自己就是一％的天才」；另一種方式則是分散投入精力，最終讓自己的興趣規模化、商業化。

如果你自認不是所屬行業中，站在頂端一％的天才，沒關係，我也不是。對於和我們一樣不是一％天才的人而言，以興趣做為工作的關鍵，並不是你能多拚命地重複做同一件事，而是「你能賦予這項興趣多少價值」。

至於本書的核心角色：社群媒體，在此過程中扮演的角色是「整合」，你可以把它想像成一只抽屜，能把所有重要的文件整理進去，將你的興趣用對的方式讓對的人看見。

這本書並不會教你怎麼找到新的興趣，而會教你如何經營自己本來就有的興趣，以「社群媒體」及「說故事的技巧」讓大家看見，並能進一步賺取收入，實現「讓興趣為你工作」的目標。

第 1 章

怎麼靠興趣養活自己？

能夠用自己的興趣工作養活自己，
真是一件幸福的事情啊！

……如果能這樣就好了呢。

我平常有開班教插畫課，在前來上課的同學中，不乏未來想成為插畫家或設計師的人。我常和他們說：

「在臺灣，能把圖畫好，你就可以將插畫當做工作，成為一名好員工。」

但是……

「如果你在能把圖畫好以外，還有把文字寫好，甚至自帶說故事的能力，那你就可以讓插畫成為你的員工，讓插畫為你工作。」

世界上有太多才華洋溢，卻因為各式各樣的原因而沒沒無名的人，如果打開這本書的你是這樣的人，也同樣希望自己能將喜歡的事當成工作，或希望自己能經營一個有影響力的社群，我相信這本書接下來的內容能實際地幫助到你。

1-0 什麼叫「讓興趣為你工作」？

想讓創作為你工作嗎？

很現實的，這句話反過來說，就是要有人為你的創作付錢。

不過既然是興趣，這件事在一開始的階段很可能是無償進行的，比如爬山露營、看韓劇、吃美食、畫插畫等等。即使能賺錢，在初期階段還是只能用「拚命做同一件事」的方式帶來收入，享受這份興趣的可能只有你自己。因此，要找到能與你一樣感動的人，也就是你的受眾。

無償進行 ➡ **有價販售** 　將興趣拆解成不同面向的需求

拚命做 ➡ **規模化進行**

社群媒體 ➡ 整合內容、找到觀眾與贊助夥伴、販售版面等等

圖表 1-1　如何讓興趣為你工作

如圖 1-1 所示，想實現讓興趣為你工作，就必須先達成圖中的幾個過程：

從無償進行到有價販售——解決受眾的需求

你的興趣（創作）最初可能只是閒暇時光的嗜好，如果你決定讓這項興趣為你工作，就必須讓這項興趣在執行時能為你帶來收入。至於要怎麼讓人花錢購買你的興趣呢？其中的關鍵並不是訂出一個完美價碼，而是這項興趣能解決「誰」的「什麼需求」。

A：我喜歡手作乾燥花束。

可以解決的需求：需要花束布置家裡或店面的人、需要送禮或告白的人。

B：我喜歡畫美食插畫。

可以解決的需求：需要手繪菜單的店家、需要美食資訊與推薦的讀者。

C：我喜歡拍搞笑影片。

可以解決的需求：需要吸引眼球行銷方式的廠商、需

要有趣影片療癒身心的觀眾。

　　知道要解決怎樣的需求後，接著可以思考你的興趣要提供的是「產品」還是「服務」。以前面提到的三個例子為例，可以整理成如圖表 1-2 所示：

興趣	產品	服務
A 手作乾燥花束	乾燥花束 乾燥花小物	代客送禮服務、為附近店家提供每日一花。
B 畫美食插畫	提供畫作	插畫教學、為不同店家客製壁畫及菜單、為美食相關創作者提供插圖。
C 搞笑影片	影片本身	創作者的腳本諮詢服務。

圖表 1-2　不同興趣能提供的產品及服務範例

　　以我做為人像畫家舉例，平常販售人像插畫為「產品」，並將畫圖時與客戶聊天的過程當成「服務」一併販售。插畫可以設為大頭貼、分享給親朋好友，甚至印製成婚禮小物和手機殼。服務的過程則成為我的創作靈感，進一步

經營社群媒體、產生流量，再帶來其他收入。

或者，假設你的興趣和我一樣是畫圖，當你為某對準備結婚的新人畫了一張婚紗插畫後，除了販售作品本身之外，還有機會從中獲得更多可能：

一、將這張作品印製成婚禮紀念小物，或做成會場的背板等。

二、額外販售客製化結婚書約，將作品印在書約上，成為獨一無二的紀念。

三、將繪製的過程錄影下來，這段影片本身也能成為商品或增加原本商品價值的附屬物。

以上三點都是站在「準備結婚的客人」的視角來看「可能會想請人解決的問題」（例如不想花錢拍婚紗照、不知道婚禮可以送賓客什麼東西、想要更特別的結婚書約等），而你卻有可能只靠一項商品就解決他們的所有問題，這就是從「無價進行」到「有價販售」的關鍵：找到「你的興趣」與「他人需要」彼此重疊的部分，讓人明確知道你能提供哪些產品及服務，又能解決他們的什麼問題。

而不論你選擇販賣的是產品或服務，你都應該如圖表

1-3 所示，思考它們能解決什麼樣的需求：

如果你選擇販賣 「產品」……	如果你選擇販賣 「服務」……
可以解決受眾的 「什麼問題」？	販售一項服務？ 幫你設計、幫你遛狗、幫你……
品牌價值 能為這項商品加分嗎？	販售使用的權利？ 購買後就能觀看／下載……
一定要是實體嗎？ 電子檔可行嗎？	除了服務本身， 該過程能否成為一段「體驗」？

圖表 1-3　選擇販賣產品或服務應思考的內容

從埋頭拚命做到規模化進行

這一點能讓你的興趣：

一、透過流程化，讓你越來越輕鬆地執行

二、接單量增加

三、業務範圍更廣

可以試著想像你的興趣是一家公司，剛起步的你必定同時扮演這家公司的手與腦，但是如果希望它能順利擴大規

模、增加更多業務量，就必須將一部分「手」的工作交給其他人執行，你則擔任負責發想與決策的「腦」。

手：能請人解決的工作都是「手」的工作。將你的工作流程化，讓手能大量複製本來只有你在執行的工作。

腦：無法輕易外包的事情都由腦負責。你的最終任務應該是開發一套穩定、無法被取代的模式，讓你的興趣能以這套模式運行。

以個人經營的手作花束品牌舉例：

一、開設協助綁花的助手職缺，增加訂單負荷量。

二、若有開課教學的業務，可聘請課程助理製作教學講義、準備花材、租借場地。

以美食插畫家舉例：

一、優化繪畫流程、學習專案管理技巧，若案源足夠，可聘請上色的助手。

二、開放網友投稿好吃的美食店家，減少自己每次都得一家家嘗試的時間。

三、與經紀人合作，尋找更多案源或合作機會。

以知識型 YouTuber 舉例：

一、規畫固定影片檔期或開發新的系列，讓影片能穩定產出，並能更清楚規畫可置入業配的影片。

二、聘請剪輯師，讓自己能專注在影片發想與拍攝。

三、經營到一定規模後，視情況聘請攝影師、寫手、企畫助理、演員、專案經理，讓自己能在拓展業務的同時，也能讓團隊自動、穩定地更新影片。

以我（經營插畫品牌）舉例：

一、將圖稿上色的工作外包。

二、將每則圖文當成一件專案來管理，並以流水線的方式繪製草稿、上色、配字。

三、將課程規畫成一整年的帶狀課程，並聘請助教修改學生作業。

當然，以上的項目並不適用於所有創作者，順序也沒有前後之分，只是做為舉例供大家參考如何達成規模化。

我知道很多人喜歡親力親為、自己做好每件事情的感覺，但是如果你希望自己的創作漸漸規模化，能開發不同的業務及收入模式，遲早要研發出一套能讓興趣自動運作的流

程，透過擴增設備或人手的方式，讓這套流程能穩定地執行（增加人手不只有大家想像的「聘請一名正職員工」這個方法，也可以透過外包、協作、聯名等方式來達成）。

舉例來說，假如你是一名插畫創作者，原本主力經營Instagram，貼出各種精美的插畫作品，這個平臺也為你帶來了各種接案與開課的機會。這時候的你可能還能一個人應付所有業務（包含找案源、找開課場地、繪製作品、經營自媒體等），但如果你還想開設 Podcast 頻道、聊聊插畫背後的故事，或將自己的作品印成 T-shirt 販售，甚至想在本業以外開發第二個插畫品牌，這時候你很可能會發現自己忙不來所有事情，有大量事務需要幫手協助。

我認識的每位 YouTuber 在頻道經營得小有成績、決定聘請剪輯師後，都只後悔自己沒有早點做這件事。因為唯有將固定占去大量時間的繁複事務外包，你才能有心力開發事業中更新、更廣的部分。

為什麼規模化進行很重要？

第一個原因就和大家想的一樣，規模化進行能增加產值、帶來收入，也能將品牌越做越大。

第二個原因，我可以講一個自己的故事來說明：以前

在街頭擺攤時，我經常選在國外觀光客眾多的市集做生意。觀光客通常手頭闊綽，在回國前買張當地畫家的人像畫似乎是個很棒的紀念品，在當時一張畫五、六百元的前提下，只要當天接二十名客人，營業額就能破萬；狀況好時，甚至能接到四十名。大四時，我幾乎每個週末都到市集擺攤，當時我一週只需要用週末兩天、一天七小時時間，就已達成了年薪百萬的目標，平日還能去學校上上課，或在宿舍裡開筆電接個設計案。

這個和一開始一樣「單價 × 數量」的算式看似美好，但並沒有提到現實的那一面。例如：市集擺攤是一門看天吃飯的行業，早上出攤時，只要一下雨，當天的營業額就會因為沒有客人直接變成負數，再加上一天要接這麼多客人，對畫圖的手腕也是一項負擔。

此外，我在二十歲時還能這樣做，那等到三、四十歲的時候呢？那時我依然只會「在市集畫圖」這項技能，頂多畫得越來越快、越來越好，卻不能保證那時候的自己還能負荷這種高度勞力密集的工作，也不能保證自己不會被人才輩出的市場淘汰。最後，如果不在品牌中做其他嘗試，這份收入與影響力也就再也無法擁有向上成長的空間。

意識到這件事的當下，我知道自己必須開始轉型；除

了在市集擺攤以外，也得在別的領域耕耘，讓興趣能以規模化的方式穩定運行、成長。即使轉型需要時間心力，也會有陣痛期，但我還是這麼做了。

果不其然，我的職涯很快就遇到了變數：二〇二〇年，**新冠肺炎疫情爆發**。直到寫這本書的當下，全臺的市集已經斷斷續續地停擺了好一陣子；疫情最嚴重的時候，即使辦了市集也不一定有人敢逛，而我的重要客群——觀光客也全數消失了整整兩年，假如我依然只把「擺攤畫人像」做為事業的全部，這兩年肯定相當不好過吧。

所以第二個原因就是：**工作中的好壞因子隨時都有變數**。把興趣當成工作並不是一、兩個月的事，你必須思考：如果自己的興趣保持同樣的規模、同樣的工作方式，能否長久持續、能否因應突如其來的狀況，提早做好準備，才能安心地工作。

社群媒體

最後，是如圖表 1-1 最下面的「社群媒體」。社群媒體如〈作者序〉所說，扮演著「抽屜」的角色，負責將前兩項整合成適合觀看的樣子，為你找到自己的受眾、贊助夥伴、合作機會，也能成為你有力的廣告資源，是達成「讓興趣為

你工作」這條路上重要的角色。

　　具體上，要怎樣經營社群媒體，並達到整合前兩項的方式，就是這本書的主要內容。

讓素材為你工作

　　在創作的過程中，素材是最重要的有限資源，創作素材需要耗費人力、心力及時間，但剛起步的創作者往往忽略「將素材重複利用」的重要性。

　　這邊以電子遊戲為例，以往玩任何一款遊戲時，你是否發現：幾乎每一關都會出現相似的場景？

　　例如《超級瑪利歐》裡的山脈、水管、樓梯，總會在不同關卡中，以不同的排列組合重複地出現，或任何一款以殭屍為題材的遊戲，遊戲裡的幾千隻不同殭屍，幾乎都是從少數幾種模型發展出來的。即使是成本高昂的 3A 大作（也就是那些高製作費用、高行銷成本的作品）也一樣，例如《刺客教條》的場景裡，同樣會沿用上一集遊戲的房屋模型，並在下一集繼續使用（但遊戲美術就是能透過微小的修改，讓你無法一眼就發現）。在同一家遊戲公司內，將旗下不同款遊戲的介面、模型、貼圖拿來互相沿用的例子也很多。這是因為在遊戲開發的過程中，美術資源是相當昂貴的，遊戲開發者不

可能量身打造《超級瑪利歐》裡出現的每一根水管，讓它們的材質與形狀看起來獨一無二，因為這件事又貴又沒必要。

　　社群經營也一樣，你產出的每一項素材都是珍貴的；既然產出了，就要發揮得淋漓盡致。更何況，當你辛苦地完成創作後，這項素材的生命週期才正要開始，別讓它只在社群上出現一次。我們可以試試看下面這些做法：

　　一、將素材 po 在網路上獲得迴響。這是素材曝光的第一步，也是大家都會做的事，別在這一步就停下了！

　　二、把素材製作成其他形式。例如我會將畫作剪輯成小影片再配上聲音，對觀眾而言，這是一次新的創作；對我而言，一圖多用的做法則能為我省下更多時間、帶來更多效益。

　　三、把素材授權給廠商。例如我會將圖片授權給廠商做為活動主視覺、印製在產品上，獲得授權金。若授權時雙方共同持有著作權，我未來就能繼續展示這項素材。

　　四、將素材製作成周邊商品。除了最常見的 T-shirt、馬克杯等實體商品，也可以是數位商品，例如我會將畫作裁切成手機桌布尺寸，讓大家免費下載，為個人網站帶來流量；或是也可以製作成觀眾的贊助回饋禮。

五、參加比賽。將素材投稿參加比賽，帶來獎金或曝光。對於攝影、插畫、影片等創作者來說，可算是一舉多得的做法。

六、放進作品集內，為自己帶來更多潛在的合作機會。例如自從我某天開始將畫作製作成小影片後，就陸續有廠商詢問接洽配音工作，這是我只由同一種方式發揮素材時無法得到的機會。

七、成為未來的素材。等到發揮得差不多了，你可以將這項素材依調性整理進自己的資料庫，等到未來有機會時，就能再次使用。打個比方，我的資料庫會像這樣：代表快樂的圖／能表達失落的圖……未來有類似作品時，就能派上用場，也為之後的創作過程省下更多時間。

不過要注意的是，以上提到的幾點不一定全都要做，因為有些方法是可能互相衝突的，例如有些比賽會要求作品必須符合「從未在網路上曝光」的條件；或是授權時若將素材以「買斷」的方式售出，未來就無法再使用這項素材。

「一圖多用」或者「一片多投」，就能讓你辛苦產出的素材有更多發揮空間；現在做一次，就能享受未來的多重效益，也是實現「讓興趣為你工作」的重要環節。

1-1 社群創作者是怎麼營利的？

　　大家都很好奇社群創作者能賺多少錢，我也常遇到不避諱直接問出口的人。

　　但是，問一個社群創作者「你能賺多少錢？」就像問一名上班族能賺多少錢一樣。上班族的薪水會因為產業與公司規模的不同，有月入數十萬的，也有的領著最低基本工資，高低落差相當大。

　　社群創作者也一樣，光是拍 YouTube 與經營 Instagram，就是兩個截然不同的世界。我認識兩位同樣以拍影片為生的創作者，一個年收近千萬，一個卻只能勉強餬口。所以，其實很難光靠觀察別人的狀況來預測自己踏入這一行的薪水高低，影響經營自媒體收入的最大因素，其實還是個人的操作方式不同。

　　所以，就算知道「別人經營社群能賺多少錢」，對你也沒有什麼幫助。

　　你應該專注的，是你開始經營自媒體後的「收入組合」，也就是自媒體能在線上或實體中為你賺錢的不同方式。以我個人為例，我的收入組合九宮格如圖表 1-4a 所示。

演講	企業內訓	書本版稅
周邊商品	月費訂閱	業配
訂單	上通告	市集擺攤

圖表 1-4a　我的收入組合九宮格

圖表 1-4b　試著填寫自己的收入組合九宮格吧

你可以試著填寫圖表 1-4b 中的收入組合九宮格，分別在每一格中寫下可以賺錢的不同方式。如果你是一名插畫家，那麼九宮格中可能就會有「商業委託」「圖像授權」「繪畫教學」等等。

當然，九宮格中的「九」這個數字並沒有特別的意義，你的收入方式超過或少於九種也沒關係，填寫它的用意是讓你思考增加更多收入方式的可能。

填好了嗎？

如果你已經開始認真經營自己的事業一段時間，可以思考看看九宮格中的不同項目在你的總收入中占了多少比例？

以我目前的狀況，我的收入組合大概是這樣：

- 商業委託：三〇％
- 業配：二〇％
- 線上課程、版稅、周邊等收入：二〇％
- 圖片授權：一〇％
- 演講、通告、企業內訓：一〇％
- 其他：一〇％

也就是我每賺一百元，其中大約有三十元來自商業委託的案件、二十元來自品牌業配，二十元則來自課程、版稅等各式各樣的被動收入。

不過，這個比例並不是什麼最完美的魔法數字，只是反映了我當下的狀況，而且每個自媒體創作者也都會有不同的比例，圖表 1-5 是我兩位學生的收入組合，提供給大家參考。

手作皮革創作者	YouTuber
委託商品：30% 擺攤收益：50% 授課費用：20%	業配：50% 影片廣告收益：20% 演講：5% 周邊商品：15%

圖表 1-5　不同類型自媒體創作者的收入組合

如果你經營了一段時間，可以試著避免過度依賴同一種收入來源。

比如，「**到市集擺攤**」雖然是一種成本很低的收入方式，不但可以增加曝光，又能面對面接收客人的回饋，但這個方法同樣伴有風險，例如擺攤時天候不佳，就會使得當天

的收入銳減。再舉一個剛才提過的例子：二〇二〇年的疫情讓全臺的市集直接停擺好幾個月，許多依賴擺攤為生的攤友只能叫苦連天。

「業配」也是一種能獲得不錯收入的方式，但偶爾會有淡旺季的狀況（例如飲料品牌在七到八月是旺季），不同廠商之間也可能對你提出競品條款（業配結束後三個月內不能宣傳類似的他牌商品），再加上狂接業配也有可能讓你的創作品質越來越差，所以在收入組合中過度依賴業配，也不一定是件好事。

每種收入來源都有其優點與風險，如果你希望長期經營並以此為生，可以試著讓收入組合更多元。就像疫情嚴重時，實體商品與服務就會大受衝擊，但如果這時候你擁有其他收入來源，就能把心力放在別的地方來平衡收支狀況（例如專攻虛擬商品、改成線上諮詢服務等）。簡單來說，就是避免一時的景氣差、生意不好讓自己陷入困境，除了有更多機會能拓展新的業務，也能讓預期外事件對收入造成的傷害降到最低。

或許九宮格裡的每一項占比都不是特別高，但全部加起來就是一套風險低、防守力高的收入模式。

流量變現——版面就是你的資產

社群有了人氣之後，大家最關注的就是：怎樣把流量變現呢？

不管你的目標是賺取小額零用錢，或者能支撐全職工作的薪水，我可以分享一個觀念：經營社群時，**版面就是你最重要的資產**。以 YouTuber 來說，版面就是影片、Instagram 的版面是貼文和限時動態、Podcaster 的版面則是聲音節目本身。

簡單來說，每週發布一則貼文的圖文創作者，一個月能置入／販售的版面就是四個。那麼，一天能發兩則短影音、一則長影片的 YouTuber，一個月能置入／販售的版面就是八十四個（$3 \times 28 = 84$，這邊不納入「限時動態」「官網版面」及其他平臺，同樣是創作者可以出售的版面）。

四個與八十四個，在創作品質與瀏覽次數差不多的狀況下，後者能帶來的流量與潛在商業機會通常都會增加不少（用最淺白的方式說，業配四家廠商跟八十四家廠商，能賺的錢就明顯差很多吧）。不過後面的例子很明顯需要一整個團隊運作才能達成，這就是前一節所提到的規模化進行，將創作者原本一個人做的工作分配給不同人來做。

你的版面可以自己使用，也可以出售給別人。

在這邊分享以社群版面賺錢的幾種常見方式：

- 業配宣傳
- 推出訂閱制
- 販賣實體／虛擬周邊商品
- 推出課程
- 擔任諮詢顧問
- 舉辦線上／線下付費活動
- 粉絲贊助
- 夥伴計畫
- 自己開發商品／聯名
- 上通告、演講、企業內訓
- 其他商業委託

業配宣傳

看到這本書的你，想必已看過許多創作者業配的案例，當中有好的，也有壞的。不過業配並沒有表面上看起來那麼簡單，只要宣傳品牌產品、在留言區辦個抽獎就好。

好的狀況：如果業配產品與自己的主題非常吻合，可以成功為品牌帶來曝光，也分享受眾喜歡的產品，自己還能賺到錢，是個三贏的局面。

壞的狀況：如果業配的產品或介紹方式走歪，很容易消耗自己的公信力與版面資源，也容易引起觀眾對你的反感。

推出訂閱制

讓訂閱你的會員享有專屬內容。有些人也會額外提供回饋給訂閱者，例如：可以投票決定下一期節目的內容、會員專屬周邊商品或手寫小卡（不過這件事執行起來會比想像中更辛苦，尤其是剛開放訂閱制、湧入上百位會員時，想像看看親手寫下三百張卡片並一一寄出的感覺吧）。製作訂閱制內容的關鍵在於：你必須能長期、穩定、輕鬆地提供這些內容給會員，比如每週教你一項繪畫小技巧、每三天貼出一張專屬照片之類的，重點是能在產出後輕易複製給大家，但也別因為忙著製作這些訂閱專屬內容，而忽略其他未訂閱者。

好的狀況：你將額外提供更深度、可以穩定產出的內容給付費讀者，每月訂閱的費用也能為你帶來一筆不錯的穩

定被動收入。

　　壞的狀況：為了服務付費訂閱的少數讀者，疲於製作額外內容，甚至被訂閱會員情緒勒索。額外內容如果做得太少，對不起訂閱者；做得太多，又可能疏忽未訂閱的觀眾；如果什麼都做，也可能犧牲了自己更多時間與心力，反而讓自己下不了船（這真的是很容易發生的事情，建議規畫好年度計畫後，再推出訂閱制）。

販賣周邊商品

　　最簡單的方式，就是尋找廠商製作與自己主題相關的產品，自己做好定價、行銷、販售、出貨（當然也可以統統自己來）。

　　好的狀況：預先調查受眾喜歡或需要的商品，再以適當的方式廣告宣傳推出商品。

　　如果擔心囤貨問題，也可以推出一次性的預購周邊商品，接多少單就做多少貨；或者尋找專門的產品平臺合作分潤，由你進行設計與行銷，由平臺製造、出貨。

　　壞的狀況：少量製造可能會讓成本壓不下來；如果販售狀況不佳，也可能必須囤一堆貨在家裡（比如印 T-shirt

時，必須備有不同尺寸，就滿容易發生這種事），加上少量販售 T-shirt、馬克杯、手機殼等等的利潤並不高，除非你經營的社群已經擁有相當熱門的 IP 角色，推出商品後能引起大家廣泛的興趣，不然建議除了這種方式以外，還可以思考其他收入來源。

推出課程

如果你具備一定的專業能力與教學觀念，這會是一項不錯的收入來源。接下來依照不同的課程分別介紹：

實體課程：實際開班授課，優點是能面對面向學生分享你的知識、技術或才藝；缺點則是有時間與空間的限制，多數狀況下，還必須付場租。

線上課程：打破時間與空間限制的授課方式，優點是預錄後上架的影片可以永久放在網路上讓人購買、觀看；不過必須多花一點時間備課、錄製課程，也得想辦法讓學生光靠收看預錄影片，就能完整學會知識。缺點則是預錄課程無法即時與學生互動，不過可以透過創立私密群組的方式來改善，讓報名學生在裡面提問、交作業，模擬實體授課時的師生互動。

線上直播課程：其實就是遠端上課，相對於預錄課程來說，備課時間較少，也能與學生即時互動；但必須限制報名人數，才能兼顧課堂互動品質。

　　網路上有許多平臺可以上架自己的線上課程，有些平臺也會提供拍攝、剪輯、上字幕等服務，讓你可以專注在授課本身。不過如果你擁有足夠的知識與資源，也可以自己搞定這些，或推出自己的平臺進行販售。

　　最後，雖然課程的類型百百款，但不管是插畫、手作、投資、文案寫作課，能夠暢銷熱賣的課程都有三項共同因素：能夠為學生帶來更多的錢、省下更多時間、增強影響力。

　　一、更多的錢：課程除了教授技能以外，也必須帶入實際應用，和以此開源生財的方法。

　　二、省下更多時間：能讓學生用更簡單的方法處理複雜的任務，例如提供獨門工具或必勝公式，讓學生從事相同技能時，能省下繁雜的原有程序。

　　三、增強影響力：不管是為學生帶來流量曝光，或在兩性課程中增強人與人的互動關係都算。

擔任諮詢顧問

發揮你的專業，提供客製化、個人化的教學，比如線上健身教練、感情諮詢、占卜、語言學習等，你可以把這個方式當成「一對一」的課程推出，讓需要的觀眾預約適合的時間。

舉辦線上／線下付費活動

就是舉辦活動，開放大家付費報名參與，比如主題聚會、粉絲見面會等等，而這也是我創辦社群初期的主要收入來源（我當初舉辦的是付費的陌生人故事聚會）。舉辦活動的優缺點都很容易想像：優點是能直接與你的觀眾互動，你也可以享受這個過程；缺點是事前準備的工夫多，而且很可能根本沒有人來報名。

除非你是非常、非常熱愛舉辦活動的人，或你經營的就是專門舉辦活動的社群，不然我建議把「舉辦付費活動」當成收入組合中的調味料就好。

粉絲贊助

讓超級支持你的觀眾直接贊助你吧！在社群中放入收款連結，讓觀眾捐出可負擔的金額。無條件贊助是基於觀眾

本來就喜歡你的內容，一般來說，這項收入的金額越高，越能讓你更輕鬆地專注在創作本身。

但無條件贊助的動力通常不高，建議可以試著搭配不同主題性質的內容，並在一定期限內加強贊助這項行動的附加價值。比如：一到六月的贊助收益會提撥三〇％給公益團體，或七到十二月的贊助收益則將專款專用，直接用於舉辦年底的粉絲活動等。

不做無條件贊助也可以，而是讓贊助這項行動本身實質上成為推動高品質內容的動力。例如每達成五十人贊助，就解鎖一項新的創作內容，或者讓贊助者能依照贊助比例不同獲得回饋，就跟大家熟悉的群眾募資流程一樣。

夥伴計畫

你在網路上看到的帶貨、團購、點擊專屬連結、輸入優惠碼都算這一類，這種形式也稱為聯盟行銷（affiliate marketing）。介紹的產品隨著你個人的性質而定，比如自己覺得好用的錄音設備、好吃的零食、上過的課程等等，在創作中與觀眾聊聊自己親自使用或覺得實用的心得，引導觀眾購買該品牌商品以賺取分潤。

上通告、演講、企業內訓

通常會以信件形式邀約，雖然有時間地點的限制，但可以在短時間內賺取相對高額的收入。

如果你經營的是講師型的社群，這部分的收入可能會是滿重要的一項；對其他類型的創作者來說，也是個培養口條的方式。而進階一點的做法，是可以視情況在活動尾聲向大家延伸介紹你的其他產品，並提供活動限定優惠（線上課程、書籍、活動等，但介紹的方式需要斟酌，不要強迫活動參與者購買）。

其他商業委託

任何商業委託的收入都算，比如：主持婚禮、訂製手作小物、委託插畫案件等等。

以我的狀況來說，有一定比例的收入是來自商業插畫委託，案主通常是被我的社群內容吸引，不過這些委託通常不需要在我的社群上曝光。

反過來說，你也能主動提供版面曝光的服務，增加與業主討論案件時的可能性，並提高委託本身的金額。例如一張原價兩萬元的全彩插畫，若張貼在高互動率的社群上，報價就有機會翻倍、談到四至五萬元（同樣的，數字都只是

舉例）。因為你這個創作者本身就擁有一定的觀眾與曝光效益，也就是所謂的「自帶流量」，除了產品本身，還能販售附加價值。

在這邊，我必須再次強調：如果你是一名社群創作者，那麼版面就是你以社群營利時最重要的資產之一。將流量變現時，你賣出的其實並不是自己高超的畫功、唯美的拍照技巧或其他東西——這些容易被看見的元素都是你的技術，而不是商品；你實際上賣出的東西是「版面」，以及它背後所代表的影響力。

不過，雖然剛才舉了「四個／八十四個版面」的比較做為範例，卻不代表你有多少版面就要賣多少個；若是整個版面都被廣告塞滿而失去創作本身的魅力，反倒會讓觀眾反感。因此「適量，並思考怎樣的置入方式更能讓人覺得舒服」，就是販售版面最大的重點。關於怎麼達成這件事，本章第三節〈創作可以商業化，商業也可以創作化〉會再做詳細的說明。

不同的定價策略，增加商品和顧客的多樣性

這邊為大家介紹「低中高定價」的概念。這個觀念可

以應用在任何販售商品的場合，簡單來說，就是將你販售的產品或服務由低到高、分成三種不同的價位。

雖然表面上看起來，低中高定價只是「便宜」到「昂貴」，其實背後代表的意義及應用方式大不相同：

一、低價商品：也就是入門商品，可以讓消費者輕易入手，並大量吸引新觀眾，也是讓消費者習慣你的重要關鍵；而這也就是為什麼 IKEA 的冰淇淋只賣十元的原因。

例如：鑰匙圈、書籍、帆布袋、小卡片、團體課程、訂閱服務的初階方案。

二、高價商品：是重要的收入來源，購買這類商品的人能從中感受到高度的滿足與重視感。

有兩種人會購買你的高價商品：對你非常忠實的長期觀眾，以及該商品非常切合其需求的人。

例如：客製化商品、線上課程、一對一課程、專屬體驗活動、訂閱服務的高階方案。

三、中價商品：定義的界線比較模糊，有可能是製作成本稍微高一點的低價商品，或是沒那麼難入手的高價商品。依銷售物不同，最大比例的收入來源也可能不同。比如剛起步的小創作者可能非常依靠以擺攤賣出的小物（低價商

品）為生，偶爾才能接到一張大單（高價商品）；但已經有點知名度的人，或許會更依賴高價商品。以甜點來說，可能是精緻的高度客製化蛋糕；或是以社群的重要收入之一「業配」來說，也可以用這個方式定價。

很多人以為，業配定價就是訂下一個數字、幫廠商宣傳一次產品就結束了，其實可以將你提供的服務切散，訂出更客製化的業配報價。這裡以「業配一篇貼文原價一百元」舉例，說明低中高價的定價方式：

● 為廠商量身打造業配一篇貼文：一百元
● 於一篇貼文的文末置入廠商資訊：六十元
● 額外授權貼文給廠商宣傳：五元／一個月，五十元／永久買斷
● 競品排除：五十元／三個月
● 只以限時動態宣傳：十元

如果你的創作是影片或聲音，還可以再做出更細緻的報價：

- 片頭冠名：五十元
- 片中置入：八十元
- 片尾三十秒介紹：一百元
- 於資訊欄附上連結：五十元

最後，還可以將其中某些服務整合起來，報出套餐價，比如「一篇貼文＋限時動態＋競品排除」原價為一百六十元，三項全購則打九五折，變成一百四十四元。

以低中高定價法來說，只需十元的限時動態就像麥當勞的小份薯條、IKEA 的冰淇淋一樣，是吸引顧客入門的「低價商品」，而定價為一百四十四元的完整套餐組合，就是真正能帶來收益的「高價商品」。

當然，以上的數字只是舉例，重點是為擁有不同價值服務定價的思考方式。

將同一項服務切散後報價的低中高定價法，除了可以讓預算不足的廠商也有機會進行輕度合作，也能讓預算充足的廠商購買你更豐富及完整的產品。

1-2 有流量，就保證能賺錢嗎？

大家似乎都以為，爆紅就可以賺大錢。

很多人開始在網路上創作後，最大的目標似乎就是快速爆紅，彷彿爆紅後就能從此衣食無虞，從此過上幸福快樂的生活。

但我曾見過長期占據書店銷售榜的有名作家，仍需要兼職打工，才能勉強獲得一般上班族的收入；大學時也認識一位畫功高超、粉專破萬、作品曾在日本推特上爆紅的漫畫家，仍無法只靠畫漫畫的收益為生。

這邊舉一個更誇張的國外案例。這個案例的主角是一名十九歲的少女，在 IG 上擁有兩百六十萬名粉絲——這個數字應該非常符合大家對於「爆紅、有人氣」的想像吧。

有一次，坐擁百萬粉絲的她嘗試販售自己設計的衣服。她租了攝影棚，也花時間找到攝影師、化妝師與模特兒。與她合作的公司計畫在第一波宣傳時，至少要賣出三十六件衣服，之後再依實際銷售狀況繼續營運。開始宣傳後，她的粉絲們紛紛踴躍留言「好好看」「真不錯」，一切看起來都如此順利……

但最後出乎所有人意料，這三十六件衣服並沒有順利售出；儘管有兩百六十萬名粉絲如此龐大的基底，卻連僅僅三十六件衣服都無法賣出。後來她自己發文講述這件事，也訴說了自己對無法賣出衣服的沮喪。

在這邊擷取幾則事件發生後的網友留言：

「追蹤她的人並不是她的顧客。做生意最重要的，是搞清楚誰會買你的東西、他們會買些什麼。」

「你看她的貼文，跟她的產品不是同一種風格。如果你無法想像她穿這些衣服，她的追蹤者又怎麼會買呢？」

「我正在刷她的 IG，看起來她並沒有真正創立一個『品牌』，她只是不停發自己的美照。我覺得她把別人對她的喜愛，誤以為是一個『品牌』。」

之所以拿這名網紅為案例，並不是為了嘲笑她，而是想讓大家重新思考：經營社群時，追蹤數字並不會自動變成現金（唉，如果會就好了）；即使你已擁有幾千、幾萬個讚及追蹤，也不代表你已經建立了一個「品牌」。

叫好不一定叫座，人氣也不等於買氣。如果你也希望以社群賺錢、透過興趣為生，應該要建立一個基本觀念：人

氣不會直接讓你賺大錢，它只是幫助你達成目標的幫手。

經營社群時，請想想看：

那些追蹤你的人，真的是你的客群嗎？

你販售的商品，和自己有關係嗎？

爆紅≠有影響力≠賺錢≠創業成功

就如同沒有人想「慢慢」變有錢一樣，大家經營社群時，也總希望自己能一夕成名，開了帳號就趕緊賺個盆滿缽滿。

但是，我要在這邊和大家分享這本書最重要的觀念之一：**爆紅從來都不是重點**。與其在意怎樣在短時間內爆紅，或怎樣快速提高粉絲數，不如多花些心力打造真正優質的內容，慢慢培養真實的影響力；至於爆紅，只要當成這趟旅程中的額外獎勵就可以了。

嘗試透過社群經營賺錢的第一步，就是想想看：**你能賦予一件事物多少價值？**

假如我想販售自己設計的 T-shirt，那就得思考：這件 T-shirt 適合給誰穿？同樣都是印了圖案的衣服，為什麼大家

除了想加深自己的品牌印象，我還想要……？

金錢？　　　　　話題？　　　　品牌影響力？

圖表 1-6　透過社群經營賺錢時需要思考的面向

願意花更高的價錢買你做的 T-shirt ？

　　販售這件 T-shirt 時，除了能加深大家對我的品牌印象以外，能為我帶來的是金錢、流量、社群影響力，還是三者皆有（參見圖表 1-6）？

　　如果我想拍影片教大家怎麼煮飯，該如何讓這則影片和別人拍的不一樣？這段影片能解決誰的問題？

　　不管你選擇販賣什麼，最重要的是，每一次販售行為都要能加強人們對這個品牌的認識；可以的話，再為你帶來「金錢」與「更多的社群影響力」。

　　用「承諾」來形容社群與粉絲的關係再貼切不過了，

因為社群經營不是一個月、兩個月就能達標的事。

爆紅不代表你可以賺大錢，也不代表「從此幸福快樂」，即使是粉絲數十萬、二十萬的粉專，也有很多人尚未找到商業模式；或是跟粉絲族群根本不熟、業界實際影響力遠低於粉專聲量的也有。但無論如何，這本書最主要的目的並不在於教你怎樣「爆紅」。

在第三章會提到，許多小眾創作者即使觀眾少，仍能持續在自己的圈圈裡建立具有高黏著度的粉絲群。只有長期提供粉絲優質內容、建立起信任關係與影響力後，才能更進一步提升未來販賣有價商品的成功率。

這本書並不是經營社群的靈丹妙藥，讀完之後也不會馬上讓你的粉絲立刻暴漲一萬人之類的。為了讓這本書能真正運用在每位創作者身上，請讓我再強調一次，一切的重點不在於「我怎麼經營社群」，而是如何在社群中實踐這本書提到的各種方法。

1-3 創作可以商業化，商業也可以創作化

讓你的創作保有靈魂，又能同時販賣商品

在我的學生及朋友中，不乏各種領域中優秀的創作者：美妝師、詩人、插畫家、電影剪輯師、潛水教練等，他們都經營了自己的社群媒體，也想透過這個方式增加收入。但每當提到流量變現時，他們總會擔心自己變得「太商業」，害怕在純潔的創作中放進任何廣告、販賣資訊，都像是出賣自己的靈魂、背叛所有喜歡自己的觀眾一樣。

但如果我告訴你，即使創作變得商業化，一樣可以很有趣；而商業也能變得創作化，讓兩者相得益彰呢？

好的方式：不管是業配、賣東西，一則優秀的商業貼文不但能引起讀者們的喜愛、共鳴，也能實際完成宣傳的效益。如果能做到這一點，你就不會在接連的商業貼文中，讓讀者感到不耐煩或失去興趣。

壞的方式：舉一個在香港的 KOL 業配案例，這名網紅錄了一集「食物大比拚」的節目，在影片中品嘗了兩家不同餐廳的盆菜（香港人逢年過節時會吃的一道料理）。首先，她

稱讚第一家用料實在、口味豐富，而後批評第二家的料理，數落這道盆菜賣相不好、肉質軟爛，甚至質疑是賣不出去的剩菜等。最後，她提到這道料理中的髮菜放得不夠多，感覺吃完後，新的一年會掉頭髮、黑髮會變成白髮……說完，她開始業配起廠商提供的生髮水。

這則產品置入的方式是基於「貶低別人的產品」，又剛好，遭到批評的那家餐廳其實是大家喜愛的老店，甚至還在過去二十年間，不斷發送愛心便當給弱勢族群。可想而知，這樣的業配遭到了網友大炎上，最後這位 KOL 刪除了影片，並發布了一則道歉貼文。

順帶一提，這件事還有個小後續，就是這則道歉貼文裡，不僅將缺失責任轉嫁到製作團隊身上，也沒有真正向餐廳道歉，反而還在結尾宣傳了另一項自己販售的產品，結果引來了更大的反彈聲浪……大家真的要好好學會公關危機的處理方式呀！

具體來說，如何做到「創作商業化、商業創作化」？

以宣傳自己的產品、活動來說，大家總會擔心：「觀眾會不會覺得我的創作變質了？」「真的會有人買嗎？」

其實要讓觀眾不反感，甚至引起他們的興趣，重點是

物質上的	心靈上的
抽獎品 購買折扣	情感波動 知識含量

圖表 1-7　商業內容能為觀眾帶來的「好處」

你能否在商業化的創作內容中持續為觀眾帶來物質上及心靈上的「好處」（如圖表 1-7）；除了為廠商宣傳以外，同時也增加粉絲對品牌的了解及依賴程度。

物質上的好處很好理解，就是這篇含有商業內容的創作是否能為你帶來實質的幫助，例如抽獎品、購買折扣等。但不是每次商業化創作都含有這些元素，因此更重要的仍然是心靈上的好處，例如：

觀看這篇創作時，能否帶來如同以前那樣的情感，一樣有趣、感動、令人發笑？

或者，創作中的知識含量或質感，是否會因為加入商業宣傳而稀釋？

舉個例子：如果你是一名影像創作者，過去一年中在社群上分享了大量「如何用手機拍出電影級照片」的文章。這些文章的內容實用且有趣，也為你累積了一批忠實觀眾。

　　某一天，當你開設「三堂課教會你用手機拍出電影級照片」的付費課程時，這批喜愛你的觀眾如果想學得更多，就會願意付費購買，因為他們相信這堂課程的品質會像你過去發布的內容一樣好；或者，某天你接到廠商的合作，代言一部好用的照相手機，對觀眾而言，你實際的使用心得也會有一定的說服力。

　　看出來了嗎？不管販賣的商品是手機、衣服、甜點、課程……人們真正販賣的其實是「信任感」。

　　「我相信這家便當店便宜好吃，所以我選擇走進店裡。」

　　「我相信這位創作者舉辦的活動會很有趣，所以我選擇付費報名。」

　　「我相信我買這包泡麵後，會和廣告中的人吃得一樣開心，所以我逛超市時拿了一包去結帳。」

　　通常在上課時說到這裡，就會有同學提出疑問：難道

大家都只要拚命包裝自己的外表就好，即使賣的是粗製濫造的產品也沒關係嗎？

當然不是。建立信任感的前提，是你的產品有一定的品質，畢竟大家實際體驗產品時，就是對這份信任感的檢驗時間。

包裝與內在同樣重要，缺一不可。

開始販賣或建立商業模式後

賺錢很開心，但要注意的是，你販賣的任何商品都應該符合品牌形象。最糟，也是創作者最害怕的情況，就是商業價值與品牌形象牴觸，比如「本來大力支持環保的網紅，突然開始代言超級不環保的商品」「一直跟讀者說自己為了健康，所以從不吃甜點，但突然業配了甜點廠商」這類情況。

為了讓社群順利商業化，這樣的行為或許並沒有錯，但會讓觀眾產生巨大的認知失調，也將對你日後的發文、作為產生懷疑。

1-4 沒有靈感怎麼辦？
——職業社群人必備的靈感收集術

這大概是插畫家和漫畫家之類的創意工作者被採訪時，最常被問到的問題吧。

「如果你沒有靈感，該怎麼辦？」

不管你是否自認為創意工作者，只要想經營社群媒體，就不能把「沒有靈感」掛在嘴邊；不，應該說，「不能讓自己沒靈感」就是你最重要的工作之一。

大家可以想想看，為什麼創作者經常向觀眾宣布「每週更新」「每週一跟四更新」，甚至「每天晚上開播」？因為不論是哪一種社群，都要求能「穩定產出內容」。

事實上，與其糾結幾點幾分的成效最好，「與觀眾約定好更新時間、建立大家與自己互動的習慣」會更有意義。但要注意的是，在特殊需求的前提下，發文時間還是有一定的參考價值，比如連假前可能是發布活動的好時機，限時預購的商品也可以在晚上開賣等。

表面上看起來，經營社群媒體只需要發布貼文或動態來分享生活、不斷向外輸出資訊就好，但最重要的工作，其實還是看不見的「輸入」。

　　那麼，該怎樣避免「沒靈感」的困境呢？

　　除了老生常談的「隨時隨地做筆記」，大家也可以透過「稀缺性法則」排列組合出不同的好靈感（第二章會有更詳細的說明，這裡只先提及重要的原則）。

　　所謂的「稀缺性法則」包括兩個面向：一是「將 A 融合 B」，一是「同一件事換種做法」。

　　以我自己為例，我的創作內容本來只有一種 —— 講述陌生人的人生故事，因此我做靈感筆記時，永遠只能不停收集陌生人的故事。

　　但只要「將 A 融合 B」，就能產生更多不同想法，例如將原本的故事融合歷史典故、科普小知識等。我曾講述一個人深受全身肥胖紋所苦的故事，在其中，我融入日本傳統工藝「金繼」（將漆和金粉混合後以修補器物的工藝，能讓器物保留破碎的痕跡，卻比以往更美）的概念；加入這則小知識後，讓原本的故事出現新的觀點：身上的每處疤痕都是獨一無二的生命歷程。

或者試試看「同一件事換種做法」，讓同一個靈感出現不同變體。

　　例如我會將一則故事拆解成不同視角，只要從不同角度及觀點來看同一則故事，就會有完全不同的面貌。以我曾講述「在醫院服務的小丑醫生」的故事為例，如果從病人的視角來看，可能會著重在生病住院的感受，這時的小丑醫生是痛苦治療過程中的一項慰藉，也就可能會出現「啊！真希望能多看到小丑醫生」的對白。但當我畫出小丑醫生的視角後，感受就會變成「希望服務過程中不要一直看到同一位病人」，因為這代表這名病人依舊住院、病情沒有改善；但是從另一個角度來說，在某些狀況下，小丑醫生同樣希望「能一直看到同一位病人」，因為這代表對方仍然在世，仍持續努力與疾病搏鬥。

　　由前面的例子可以知道，內容創作者表面看起來是不斷地「輸出」，但其實是一項更注重「輸入」的行業。

　　這邊也和大家分享我整理貼文靈感的方式。

　　平常我會將靈感資料夾用不同的條件分類：

　　比如「超棒的素材」與「一般的素材」，篩選標準是我認為能引起迴響的程度。只要經營得夠久，其實就能對觀

眾的口味略知一二。由這兩種素材所製作的貼文可以交互使用，或者將超棒素材用於特殊目的，比如推廣年度活動期間。

又比如「可置入廣告的」與「無法或不適合置入廣告的」，也就是當你有活動需要宣傳，或接到廠商委託時，可立即從資料夾中抽出使用的靈感；至於不適合置入的靈感，則可以安排在沒有活動時貼出。

如果你的社群已經有了不同系列的創作，也可以這樣分：「創作」「創作者的日常」「創作的心路歷程」「創作教學」……等。

發現了嗎？比起製作貼文當下的辛苦，前置作業才是最需要下功夫的。**好的前置作業就像一張優秀的建築藍圖，能讓你在工作時事半功倍**；反過來說，邊做邊想只會徒增許多不必要的時間浪費。

就算當週如果真的想不到一百分的貼文也沒有關係。比起執著完美，不如每週都貼出八十分的貼文，偶爾貼出一則一百分貼文就夠了。

在下一章，我們還會繼續探討如何找到創作中的核心價值，找到自己的品牌獨特性。

1-5一起看看「創作商業化」的範例吧！

接下來，我將會以自己的兩則社群創作來示範「將商業化內容放進創作」的思考過程。

第一則，是我曾為某品牌瓶裝茶飲宣傳的業配內容，第二則是宣傳自己的商品。

範例1　宣傳別人的產品：瓶裝茶飲

一般來說，當你在社群上有了一定的知名度，信箱就會陸續開始出現品牌窗口或公關公司寄來的邀約信。

通常信件裡會有這些內容：

- 簡短的品牌介紹
- 本次合作的需求
- 上線日期
- 詢問合作價格

其中最重要的一項是「**本次合作的需求**」，也就是這次合作中品牌方希望達成的事情。

在思考怎樣把業配內容做得有趣、有內涵之前，更重要的是搞懂客戶這次宣傳想達成的目的是什麼，可能是單純的增加品牌記憶點，也可能是宣傳期間限定的產品。

此外，每一篇貼文或創作中都可放入你希望觀眾看完後採取的行動，例如留言分享、點擊下單，或到你的網站去逛逛……而這也就是所謂的「行動呼籲」（call to action）。不管有沒有商業合作，不管宣傳的是別人或自己的產品，社群上的貼文都應該將行動呼籲設定得更精準，在製作前就要想清楚：這則內容到底會幫助你賣東西、提升形象，還是增加影響力？

站在品牌方的角度，請我業配這款茶飲的目的，當然是為了「提升產品銷量」沒錯，但與品牌方討論的信件中並沒有附上「請大家去買哪種口味」「哪種商品現在買一送一」等資訊，而是希望我單純宣傳這個品牌堅持的精神、說出這項產品背後的故事。

所以這次宣傳的行動呼籲，我們就設定為「**提升品牌形象、讓更廣泛的族群認識這個品牌**」。

在這個前提下，我選擇的切入點是「製茶職人」，藉由從側面介紹採茶師傅、製茶師傅、品管人員的工作內容來告訴觀眾：「這項產品很好喝。」而這些前期設定也決定了

最後業配內容的呈現樣貌（參見圖表 1-8）：

插畫中的我拿著畫筆問觀眾：「你曾經堅持做過什麼
事情呢？」

接著做了一些舉例：

「堅持著玩一款已經不流行的遊戲？」
「堅持著每天早上出門跑步？」
「堅持著每天做好吃的便當給自己吃？」

接著，開始分別介紹製茶職人的堅持：

茶農堅持天還沒亮就出門採茶，因為露水會影響茶葉
的品質。

製茶師傅三十年來，從手工到機器，堅持炒出好喝的
茶葉。

品管員堅持讓每一瓶茶都有穩定的風味和口感，每天
都會喝二十杯以上的茶。

最後才告訴觀眾，有了職人的堅持，才能造就一瓶好
茶。

圖表 1-8　業配貼文範例

這則內容上線後，得到了不錯的觀眾迴響：

「這業配太美了。」

「堅持除了是為了自己，也是想讓少數對自己有所期待的人不感到失望，兩者都是最大的動力。」

「這個業配很棒！雖然我自己還是不喜歡寶特瓶包裝。」

「找李白真的太會了吧！」

「堅持不學別人阿諛諂媚。」

「找你業配真的找對了。」

「Ｊ⟪業配也太厲害了吧!!看完都想馬上ㄑ買XXX惹～」

「這樣的宣傳好舒服，他們找對人了。」

「XXX的業配太有質感了吧！」

一則理想的業配合作，不但能有效宣傳品牌方的產品、讓觀眾看得開心，也能讓創作者得到合理的收入。

對觀眾來說，他們能透過提問與內容產生互動，看完貼文後也能得到滿足，甚至得到一點關於製茶的小知識。

對品牌方來說，這則內容能向消費者深入介紹品牌的優點，而不只是單純拿著產品稱讚好喝，甚至可以進一步取得業配內容的授權，做為廣告素材投放。

對創作者來說，能讓自己的觀眾與品牌方滿意，並得到一筆收入。

不過，雖然像前面提到的，創作可以商業化，商業也可以創作化，但包裝商業內容時，若沒有找到非常聰明的切入點，「觀眾的滿意度」與「商業效益」往往會如圖表 1-9 所示，變成天秤的兩端。

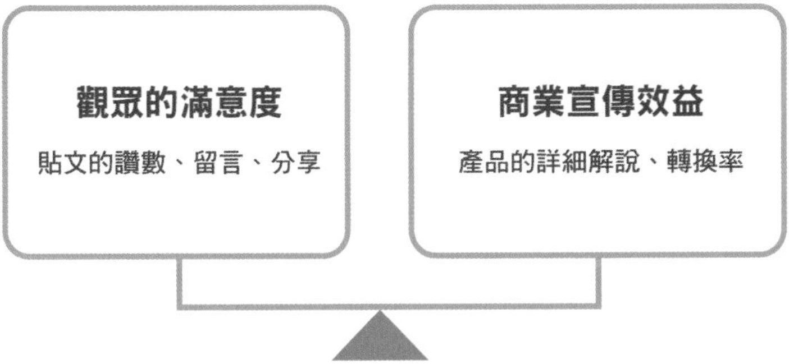

觀眾的滿意度
貼文的讚數、留言、分享

商業宣傳效益
產品的詳細解說、轉換率

圖表 1-9　將商業內容巧妙地創作化，天秤兩端才有可能平衡

因為一方面，廠商希望你的業配能成功帶貨、獲得高轉換率（看完貼文後購買的比率），於是你放了許多心力介紹產品的賣點與特色，但「詳細的產品解說」並不一定是你的觀眾願意買單的內容。

另一方面，廠商又希望你的業配能大受歡迎，擁有高讚數、高互動與正面回饋，你可能會想：那麼把創作的比例拉高一些，做出觀眾想看的內容，才能將貼文的曝光拉高。於是你把商業性訊息隱藏起來，但這種做法又與能不能成功帶貨產生衝突。

這樣的拉扯過程在每次業配中都會發生，但我無法教你如何平衡天秤兩端，唯一能教你的，就是你的觀眾。

最好的解決方法，依然是找到好的切入點，把商業性內容盡可能巧妙地融入你的創作中。

範例 2　宣傳自己的產品：線上課程

第二則範例是宣傳自己的產品，這是將流量變現相當重要的一環。

這裡要介紹的產品，是我第一次開設的線上課程，也就是這本書的原型。

想宣傳自己的產品有兩種方式，第一種是開門見山地

亮出產品，第二種是提出消費者的痛點，再延伸出解決方案，也就是你的產品。

　　兩種方法都各有長處，在這邊，我先以第二種方法為示範（參見圖表1-10）。

圖表 1-10　宣傳自己的產品（線上課程）範例

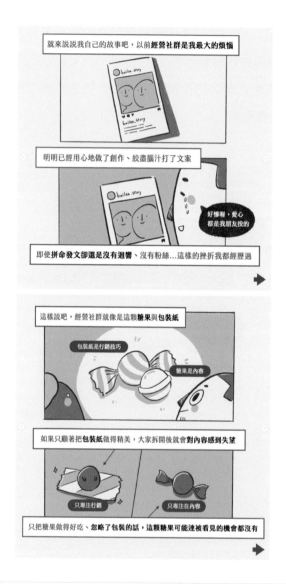

圖表 1-10（續） 宣傳自己的產品（線上課程）範例

這是一門融合了故事與社群行銷的課程，賣點是「把內容做好，將對的故事說給對的人聽」，因此在開頭，我先拋出目標族群「素人創作者」經常遇到的問題：不知道該怎麼做好社群經營。

「明明用心地做了創作、絞盡腦汁打了文案，即使拚命發文還是沒有迴響、無法累積粉絲。」

前段拋出問題後，在貼文後半部提到行銷與內容的關聯性：就像包裝紙與糖果，必須兼顧，才能讓好的內容被看見。

最後才貼出購課資訊，包括開課日期、早鳥優惠等，讓已經被說服、想了解更多的觀眾主動進入課程頁面，也就是前面所強調的「行動呼籲」。

此外，也必須讓沒有進一步購買課程的觀眾也能從中受益，覺得這是一篇對自己有用的內容，才能一次照顧到購買者與非購買者，也就是兼顧貼文的流量與轉單率。

不過就像前面所舉例的「手機照相課程」，願意相信你的購買者之中，有一大部分是日積月累培養出來的。他們購買的原因，是因為你長期在社群上分享好的內容，**因此他**

們相信，這項產品會像平常看到的內容一樣好。

除了產品本身的品質，長期的觀眾培養還是相當重要的。

最後補充一點，將創作商業化時，大致可以分成兩種路線：直接溝通與軟性溝通。

舉最簡單的例子來說，同樣要介紹一部照相手機，兩種路線的呈現可能會是這樣的：

直接溝通：這部照相手機的外觀是純色黑，黑色塑膠外殼重量比上一代更輕，搭載八百萬畫素的前鏡頭，電池容量為……

軟性溝通：我是一個出門時喜歡為朋友拍照記錄的人，這部照相手機因為搭載了適合拍攝風景的鏡頭，能完美拍下心中所想的畫面；而手機本身的高續航力也能在我們的長途旅行中……

兩種溝通方式大概是這樣的區別，也可以簡單用「理性」與「感性」來理解。

直接溝通的方式看似死板，卻也最能直白地將產品優

劣告訴給觀眾;但要講得生動有趣,其實是更需要技巧的。

至於軟性溝通,能讓大眾輕易理解你想表達的情境,商業感也不會那麼重,卻也容易在過多的情境敘述中讓觀眾感覺虛無縹緲,無法得知產品到底是好是壞。

當然,這兩種路線不分優劣,可以交叉使用,也可以互相融合,重要的是在兩種路線中找到自己的平衡點,並透過長期經營讓廠商能輕易地記住你的特色,例如:「很會講解 3C 產品性能的○○。」「能將複雜產品講解得好懂,又能引起共鳴的○○。」

附錄　簽訂合約

在與各式各樣的廠商、業主合作過程中,保護自己是最重要的。成功得到合作機會後,請務必在合作前簽訂合約(廠商或業主多半有既定格式,也可自行上網查詢、擬定),或是簽訂「合作備忘錄」,簡單寫下合作內容、製作流程、修改方式、取消條款、合作費用與給款時間。如果上述兩種文件都沒有簽署,至少要在雙方的信件往來中明確提及合作細項,並留有彼此針對這封內容回覆 OK 的截圖。

很多人容易因為對方是親友、老客戶就忘記這件事,但沒有簽訂紀錄的合作,就像沒背著降落傘就去跳傘一樣,

做了之後，只能祈求老天保佑你不要出任何差錯。

圖表 1-11 是我個人所使用合作備忘錄的一部分：

OO公司 x街頭故事 合作備忘錄 (需開發票)

費用　X,XXX 元新台幣（未稅）/格

合作內容　以Ipad繪製2~3色的線條風手繪影片，並以螢幕錄影紀錄繪製過程

詳細說明
費用：OO元新台幣（未稅）
畫面：畫面中可寫字、畫圖，原則上一格畫面最多以5人為限，品牌可另外附上參考資料&照片供創作者繪製。
完稿：只提供錄製原始影片及圖片檔，不另外提供剪輯服務。

提供成品：
完整錄製影片原始檔　（mp4/ mov皆可）
5張完成圖的圖片檔　（JPG/PNG皆可）
5張完成圖的digital sketch

*詳細的製作流程請見下方

完稿風格參考

製作流程：

專案合作日期：2021年7月29日

☑ 品牌：提供宣傳內容（文字、圖片、PDF等參考資料）
☐ 街頭故事：提供預計繪製的畫面文字稿（本階段需1-2天，以文字說明場景、構圖、氛圍）
☐ 品牌：可提供2次文字稿修改回饋（若無則跳過）
☐ 街頭故事：提供預計繪製的草稿（本階段需1-3天）
☐ 品牌：可提供1次草稿修改回饋（若無則跳過），8/3提供圖(5)的確定修改回饋
☐ 街頭故事：將草稿完稿，並提供完稿圖片及繪製過程影片（本階段需3~7天）
☐ 2021年8月5日提供修改筆記，將建議修改放進完稿，8月10日交稿

*備註：若超過上述修改次數，或在完稿階段提出修改圖稿，修改計費為一格總價50%/次。

圖表 1-11　合作備忘錄範例

在備忘錄中，須明確提及完稿日期、製作內容及數量、費用是否含稅、能夠修改的次數及範圍等；更詳細者，也須規範製作物的授權使用範圍。網路上可以查到不少制式合約，記載更為詳細的內容，明確保障雙方的權益。

第 2 章

讓你的興趣與眾不同
──品牌價值設計

嗯…我該選哪種角色來扮演呢？

算了，選不出來，統統穿在身上吧！

聽到「建立個人品牌」時，大家最容易聯想到的畫面可能是當明星、當網紅，看著自己的全身照被印在公車或飲料瓶罐上，但這個畫面顯然不是每個人都有興趣。

的確，不是每個人都想當 YouTuber 在網路上拋頭露面；但不管你是學生、上班族、接案者或創業者，我們經常花費許多時間，試著追求能為自己履歷加持的增益，例如比賽的成績，或在知名企業擔任要職。想像一下「在 Apple 工作的李白」或「負責金曲獎主視覺設計的李白」，聽起來多霹靂！（儘管我可能只是在 Apple 擔任小小職員，或只是設計了金曲獎海報角落中的某個小圖）

然而總有人能搬出比你更亮眼的事蹟，或者當你某一天必須卸下這些充滿光環的頭銜、拿掉公司名稱和職稱時，你還剩下什麼呢？

亞馬遜創辦人貝佐斯曾說過：「你的品牌是當你離開現在這個地方後，別人會談論的你。」

所以，不要局限在個人品牌＝讓自己變成大明星的思維中，「建立個人品牌」其實更像是一種思考方式，能套用在任何你想用對的方式被人看見的場合，比如職場、學校或任何一個社交圈。

2-1 稀缺性法則
——如何找到自己的品牌核心價值？

在開始閱讀本章前，請在心裡做一個小練習；若手邊有紙筆可以寫下來更好。請在一分鐘內，盡可能寫下各種與你有關的 #Hashtag，不管是興趣、專長、喜好都可以，越多越好。

圖表 2-1　與你有關的 Hashtag 有哪些？

這一章要教大家怎麼建立自己的品牌價值，不過在這之前，要請大家問自己一個殘酷的問題：「世界上已經有了這麼多品牌、KOL、創作者，大家為什麼還要喜歡我？」

第一，不管在任何領域，你幾乎不可能當第一個做的人（第一個拍 YouTube 影片的人、第一個畫圖文插畫的人、第一個……）。

第二，你也很難成為做得最好的那個人（在臺灣最會做法式甜點的人、最會畫油畫的人、最……）。

那麼，你值得大家支持、追隨的原因是什麼呢？

嘿，先別感到難過，這個問題並不是為了打擊你的信心，而是要讓你更確定未來努力的方向。現在請你先仔細思考一個問題：你最喜歡的餐廳是哪一家？

假設是一間拉麵店好了，它想必不是世界上第一個賣拉麵的；店裡的料理或許好吃，但也一定能在其他地方找到更上一層樓的餐廳才是。

不過這些都不重要，因為它現在就是你心中第一好吃的拉麵店。從店裡的裝潢、氣氛、熟悉的店員、色香味俱全的餐點，還有你在這裡用餐的所有記憶，都造就了這個「心中第一名」的結果。

每個領域必然都有競爭，不管是良性或惡性的，總得有比別人突出的特色，才能脫穎而出；然而太多人都執著在「跟最強的人比他最強的地方」，因此始終無法成功。

跟最會畫圖的人比畫技，
和設備最齊全的影像工作室比拚設備？

　　為什麼一家餐廳即使不盡完美，卻依然受人喜愛？一個明星就算有缺點，卻有粉絲喜歡？祕密在於：人們心中對喜好的判斷，並非如機器般數據化的理性抉擇，只從數字高低做決定。

　　比起成為最頂尖的一％，只要讓你的品牌有一、兩個讓人為之驚嘆的地方就足夠了，這就是所謂的稀缺性（scarcity），一個能讓你在茫茫人海中被看見的祕訣。

　　把握自己的稀缺性，持續培養你的專業能力與形象，並且不畏懼地將這些大方分享出去。

　　如同第一章約略提過的，想創造稀缺性，你可以試試這兩種方法：

　　一是「將 A 融合 B」，二是「同一件事換種做法」（參見圖表 2-2）。

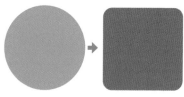

將A融合B

水平思考，在自創的
跨領域中成長

同一件事換種做法

垂直思考，在本來的
領域中找到獨特

圖表 2-2　創造稀缺性的兩種方法

　　這是什麼意思呢？讓我們更深入地了解這兩種方法：

　　方法一是「將 A 融合 B」，是水平發散的思考方式。簡單來說，就是把兩個看似無關的領域結合在一起，用不同的專業知識與生命經驗創造出前所未見的創作形式，例如：

● 會畫「短篇漫畫」的「外科醫師」。
● 將「插畫」與「冷知識」結合的畫家。
● 做「西式甜點」，且每道甜點背後的設計理念都來自「天文知識」。

　　這三個例子都是真實的成功案例，只要以關鍵字搜

尋，就能找到實際品牌。

「將 A 融合 B」能涉及的領域不但更廣，也更容易挑起人們的好奇心，這也是為什麼儘管我身為一名插畫家，卻建議所有想從事這項職業的人「生活中不要只有畫圖」的原因。

方法二是「同一件事換種做法」，是垂直往相同領域探索的思考方式。

- 理髮師利用「拍攝 before & after」來呈現自己的「美髮作品」
- 把「網路梗圖」融入「傳統政府文宣」
- 用「面對面說故事」的方式來進行「人像插畫」

上面的第三個案例就是我自己使用的方法。這種垂直思考並不主動結合其他領域，而是利用讓人耳目一新的作風呈現同一件事，自然就能和同業間產生讓人心動的差異性。

接下來一起看看更多的例子（參見圖表 2-3 ～ 2-10），猜猜這些有趣的社群帳號使用了哪一種方法吧！

怪奇事物所incredeville：

以插畫包裝各種鮮為人知的冷知識，將品牌角色畫進冷知識的情境中，也成功地塑造了自己的 IP。

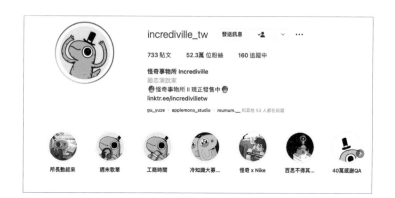

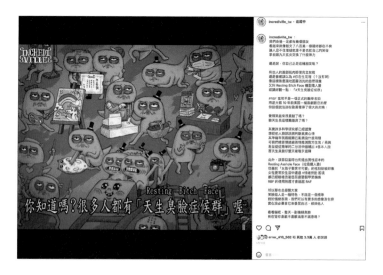

圖表 2-3　怪奇事物所 Incrediville（@ incrediville_tw）
　　　　　© 怪奇事物所 Incrediville

木木の口袋：

利用 3D 軟體製作各種宛如哆啦 A 夢會從口袋裡拿出的道具，讓觀眾看完後產生「如果生活中有就好了！」的感覺，例如「零卡塑膠袋」，只要在吃美食前將食物放進塑膠袋裡，食物中的熱量就會統統歸零，讓人吃再多也不會胖。

道具上有著以假亂真的質感與光影，甚至常讓粉絲誤以為貼文全都是實拍照片。

圖表 2-4　木木の口袋
（@ mumu.c4d.pocket）
© 木木の口袋

你可以至少把Netflix的帳密跟我說嗎……

不要。

Unspirational（前任的訊息）：

這個帳號專門開放大家投稿「前男／女友分手後傳來的訊息」，所有素材皆來自網友的手機截圖。雖然畫面簡單，但因為是大家熟悉的手機畫面截圖，反而能以容易引起共鳴的有梗內容吸引觀眾。

圖表 2-5　Unspirational（@ textsfromyourex）

Bread Face（麵包臉）：

專門拍攝「自己用臉壓碎各種麵包」影片的帳號，雖然叫做「Bread Face」，但創作媒介從麵包、蛋糕、蝴蝶餅乾到甜甜圈都有；而儘管創作者會在每支影片裡用臉壓碎麵包，但至今仍未完整露臉，保持了一定的神祕感。

圖表 2-6　Bread Face（@ breadfaceblog）

Miserable Men™（悲慘的男人）：

專門拍攝大街小巷那些「陪另一半逛街購物的男人」。無一例外的，每則貼文都是一臉疲憊、手提大包小包的男人，無奈地坐在店門口的長椅上。仔細觀察每張照片人物的神情，就是創作者生活中的小樂趣。

圖表 2-7　Miserable Men™（@ miserable_men）

DIECE 渋谷代表大月ショウ：

這是一位日本髮型設計師的帳號，每則貼文都是不同的美髮作品。賣點是：影片開始都是客人原本的髮型，接著設計師會用手指將鏡頭蓋住，等畫面重新出現時，就能看到剛剪好的髮型，讓人忍不住想一個接一個看客人剪髮 before 與 after 的對比。

圖表 2-8　DIECE 渋谷代表大月ショウ（@ diece_shou）

街頭故事：

故事圖文帳號。在街頭巷尾與不同陌生人聊天交換人生故事，並將交換來的故事畫成插圖，佐以文字與讀者分享，也是我本人經營的帳號。

圖表 2-9　街頭故事（@ bailee_story）

Taiwan Says!：

Learn how to speak like a real Taiwanese.

乍看之下，可能會以為這是個語言教學帳號，但細看內容就會發現，原來是以幽默的方式教人「如何像道地的臺灣人般說話」。例如，在臺灣，我們不會說「it's funny」，而是「笑死」；或者，在臺灣，我們不會說「Wow you can speak this language」而是「講兩句來聽聽看啊」，真的非常道地，也非常中肯。

圖表 2-10　Taiwan Says!（@ Taiwansays）© Taiwan Says!

看到這裡，你有沒有發現一件事？經營社群品牌不一定要搞笑、有趣才可行，即使是冷門艱澀的深度議題，只要用對了稀缺性法則，都有可能走出屬於自己的路。因此，別害怕你的社群內容太正經、無聊，最好的故事都已經在你心中了，只差用對的方式把它說出來。

看看我的例子吧，我是一名專門畫出人們內心故事的插畫家，但我並不是第一個畫人像插畫和街訪路人的創作者，更不可能是畫技第一的畫家；我創作的議題甚至並不歡樂（包括憂鬱症、同志、霸凌等議題），但是在運用稀缺性法則後，依然在業界找到屬於自己的一片天（參見圖表 2-11）。

圖表 2-11　我的稀缺性法則

現在你還記得這一節一開始所寫下的 #Hashtag 嗎？
接著馬上來試試看稀缺性的第一種方法「將A融合B」！

- 接案插畫家＋西點烘焙：專畫法式甜點，並深度解說甜點由來和做法的插畫品牌。
- 配音＋韓劇迷：拍攝影片，用有趣的聲音重新為韓劇的重點情節配音。

是不是馬上有不同想法了呢？接著再試試看第二種方法「同一件事換種做法」。

- 寫程式：與專業團隊合作，開發一套從零教素人寫程式的遊戲
- 乾燥花藝：將乾燥花拼成世界名畫，再拍成美麗的作品上傳到社群

現在你也可以看著自己寫下的 #Hashtag，做出更多無窮無盡的發想可能！

……還是沒有好點子嗎？沒關係，慢慢來，你可以在相同或類似領域中尋找「標竿人物」，並試著找出該創作者

／品牌的創作模式，以稀缺性法則分析後，你應該也能從中得到一些能套用在自己身上的靈感。

例如：
- 布偶創作者：為客人量身打造嬰兒的出生體重熊
- 影片創作者：專門介紹臺南美食、專門介紹在澳洲生活的種種

要注意的是，這裡提到的稀缺性法則中，為了方便讀者理解，示範時著重在「形式上」的改變，而在尋找品牌及創作的核心價值時，也適用這種方式（參見圖表2-12）；讀完本書後，也可再多多思考及練習喔！

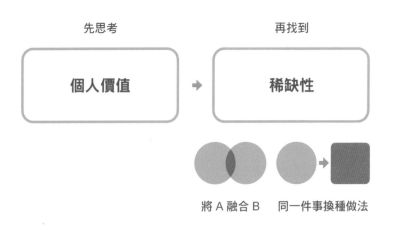

圖表 2-12　品牌價值設計

2-2 開始行動，比成為專家更重要

為什麼才華洋溢的人，不一定會被看見？

這句話反過來問的話，就是：「在一個領域裡成為最強，就能保證會成功嗎？」（參見圖表 2-13）

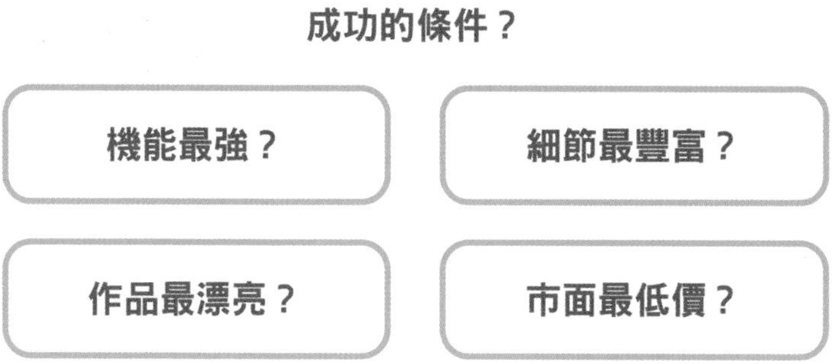

成功的條件？

機能最強？	細節最豐富？
作品最漂亮？	市面最低價？

圖表 2-13 「最強」就能「保證成功」嗎？

找一個身邊隨手可及的例子吧。如果問你，麥當勞的漢堡是不是最好吃的……你或許可以想到更好吃的店家吧；但如果問大家，哪裡能買到漢堡？多數人直覺說出的答案很可能都是麥當勞。

雖然不是最好吃的，卻是大家心中「最具代表性的漢堡」，原因在於麥當勞把心力放在標準化製造、大量鋪點設店，讓每個人都能輕易地買到味道一樣、品質中上的漢堡，而不是苦惱於單一店面所研發出的「最好吃的漢堡」。

　　說完了漢堡，再講到薯條。你曾聽過朋友或店家形容自己的薯條「比麥當勞的好吃」嗎？如果不加思考的話，大概會認為這句話的意思是「麥當勞的薯條不好吃」吧；但仔細一想，沒有人想跟別人比爛，大肆宣傳「我的產品比難吃的更好一點」。不論你的喜好如何，我稍微瀏覽了網路的評價及身邊友人的看法，發現大多數人其實滿喜歡麥當勞的薯條；儘管資深的老饕必然能說出某家店有更好吃的薯條，但這個「只比普通更好一點」卻能大舉成功的例子，其實能給我們一些不同的想法。

　　接下來再來聽我說一個故事。

　　你喜歡看漫畫嗎？或者，只要看過任何一部漫畫就好。如果有的話，請你想想看：賣座的漫畫家都是畫技最好的嗎？

　　這邊要舉的是《一拳超人》這部漫畫（如果對畫面有興趣，請自行上網搜尋）。這部作品其實有兩個版本，第一個版本是日本網路漫畫家 ONE 創造的超級英雄漫畫，線條非常

簡單，幾乎就像國小男生在課本上畫的超人塗鴉，但這個版本卻能在網路上一舉竄紅；後來藉著與職業漫畫家合作，才產生了畫風精緻、較廣為人知的「《一拳超人》重製版」，最後甚至改編成超暢銷並聞名國際的動畫影集。

為什麼畫面看似簡陋、粗糙的漫畫也有被看見的機會？原因在於，漫畫身為一個說故事的載體，並不是畫得精美就是好作品，還有很多會影響成敗的因素：高潮迭起的劇情、敘事性強的構圖、張力超強的分鏡、異想天開的世界觀及人物設定等等。

想像一下，閱讀漫畫的感受就像一塊圓形的披薩（參見圖表 2-14）：

圖表 2-14　閱讀漫畫的感受組合

畫技或許占了某個重要的比重，但光靠畫技無法填滿一整塊披薩。下次經過書店時，你可以做個小小的實驗：找到任何一套超過五十集的漫畫作品，把第一集和最後一集抽出來，用肉眼比較兩者作畫的成熟程度，你一定可以發現，很多漫畫家也是在走紅後，畫功才慢慢磨練得越來越好；反過來說，他們一開始都不是在一〇〇％的狀態下起步的。

　　漫畫只是一個好懂的例子，而這項原則其實可以套用在任何一個領域。一項產品或服務的單一品質固然重要，卻無法成就整體的成功，所以不要再說「等到我夠厲害再來做這個」，因為這種思考方式中，永遠沒有「足夠」的一天。

　　若想投入一個領域，可以使用 MVP（最小可行性產品）原則，以最短時間與金錢成本快速進入市場，測試這件事是否可行；如果不可行，就從失敗的經驗中找出錯誤的因子，一次次試錯。因為光是窩在家裡東想西想，就永遠無法得到市場、觀眾、客人體驗完產品後給出的回饋。

　　在一個領域中剛起步的你，一定有很多能力是不如他人的，但是套用披薩原則後，你會發現自己其實已經擁有某些優勢，而這些優勢也能用來彌補短缺的能力（參見圖表2-15）。

　　以我的創作為例，我雖然是一名用視覺說故事的畫家，但在這些視覺創作中，最重要的特質並不是大家容易想

雖然畫面不夠精美，但……	雖然人長得不夠帥，但……
分鏡能力超強	人格力、談吐很棒

雖然沒有專業相機，但……	雖然沒有自有內容，但……
拍攝題材超特別	善於募集有趣素材

圖表 2-15　即使是短缺的能力，也能透過不同面向來補強

到的「唯美」，而是「精準」。正因為我的創作題材是人生故事，精準的文字與圖像才會比唯美更重要；因此從以前到現在，我都認為在畫技以外，自己還有許多能嘗試的地方。

　　講到這裡，再說個有關的小故事吧：我大一剛開始擺攤時，有位朋友也對擺攤畫人像躍躍欲試，興奮地討論能不能和我合攤，後來卻自認畫功不佳，害怕當眾丟臉而臨陣放棄，決定好好磨練畫技後，隔年再加入擺攤的行列。

　　當時的我在攤位上，十分鐘內畫出一張即興畫作，只賣一百元。

第二年我出攤前，決定將價格調漲成兩百元，朋友苦口婆心地勸我，說兩百元比去年貴了整整一倍，沒有人會買。但我沒有改變想法，又問他：「那你準備好來擺攤了嗎？」

　　他說，等他再練練、畫得更好的時候，再一起擺攤。

　　第三年、第四年也一樣重複同樣的故事，我的即興畫作從一百元漲價到一千元，攤位上的生意同樣源源不絕。在這四年裡，我畫下了兩千名陌生人，畫功也透過在實戰中不斷磨練，比起剛開始時進步了一大截。

　　二○二○年時，因為碰上新冠肺炎疫情，全臺各地的市集都休息了好一陣子。我決定轉型，不再擺攤，將原本攤位上的即興人像畫重新包裝，設計成一場一對一作畫與傾聽的體驗，在疫情趨緩後推出。同樣的作畫時間、同樣的即興畫作，售價卻已經是最初一張畫的好幾十倍，而且預約也總是在每個月五號公布的前半小時內便一掃而空。另一方面，我的朋友已經踏入職場，儘管憑著自己的實力在業界蒸蒸日上，卻仍和我談論著他一直沒有完成的擺攤夢想。

　　但在最後，我必須為這個故事補充一個前提：客觀來說，我的朋友大一時的畫技就已經遠超過我，甚至可能比現在的我畫得還要更快、更好，作畫風格也相當有特色，只是他一直被「還不夠好」的想法綁住。

別害怕自己還不是專家。等你覺得自己夠好再投入市場時，也許就已經太晚了。先用不同面向的優勢截長補短、彌補目前短缺的能力，等投入市場後，再慢慢強化自己的弱點。有太多人堅持「等我夠……後，再來實踐夢想」，結果就這樣抱著這個想法過了一輩子，從未真正與世界碰撞過，而夢想也永遠沒有機會得到市場的驗證。

請你相信，最好的故事的已經在你腦中了，只差在用對的方式說給對的人聽。

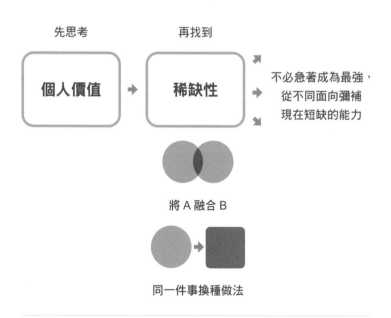

圖表 2-16　品牌價值設計（續）：除了找出稀缺性，開始行動更是關鍵

2-3 社群人物設定
——你在社群中是怎樣的角色？

　　如果把現在的你放進一部電影裡，你會是怎麼樣的角色呢？

　　這個問題可能有點難回答，所以我換個問法：「你的個性如果放進名為『社群』的電影裡，會是怎樣的角色呢？」

　　拿現有的創作者或 KOL 套用在這個問題上會比較好想像。我在這裡隨機提出四種不一樣的社群角色：吃貨、學霸、好爸爸、凍齡魔女。將這些角色賦予個性後，又會有不同的變化：例如幽默開朗的吃貨形象、充滿負能量的學霸……等。

　　如圖表 2-17 所示，不同的社群形象，也會直接影響到你的創作內容，以及未來可能得到的商業合作機會。

　　為什麼會說創作者在社群上是一種「角色」，是因為每位合格創作者的形象都是包裝及扮演出來的；上至拍攝影片、出席公開活動，下至回覆一句網友的留言，都是「符合人設」的行為。

吃貨

美食節目、餐廳

學霸

補習班、線上教學

好爸爸

親子教材、露營用具

凍齡魔女

食物調理、美容類

圖表 2-17　不同的社群形象，將影響創作的內容與合作的機會

　　哎呀，乍看之下實在有點「那個」，要「假裝」自己是另一個人，似乎不健康，也有點虛假，這樣真的好嗎？其實這個概念有點類似舞臺劇演員，上戲後成為另一個角色、下戲後回歸生活、做回自己，一點也不奇怪。只不過舞臺劇是一時的（排演＋正式表演的時間），社群經營是長久的（動輒三年五載），所以在社群上扮演的角色即使具有表演成

分，但通常會是某部分的自己，就像露出水面的冰山一角一樣（參見圖表 2-18）。

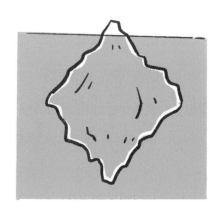

圖表 2-18　在社群上扮演的角色其實只是某部分的自己

　　這個形象就是所有觀眾認識你的模樣，會影響你在社群上的說話口吻，以及與觀眾和其他創作者互動的氛圍。由於必須長時間維持，因此不偏離自己的個性太多，是最容易維持的（對自己也比較健康）。另外，**千萬不要建立一個你無法長期維持的形象**。如果回顧過去所有明星、創作者由紅轉黑的事件，就會發現這些事件有一項共通點，那就是他們想必做了與「觀眾認知的形象」有巨大落差的事，讓大眾產

生所謂的「認知失調」；比如有著好老公形象的藝人偷吃被抓到，或是把自己定義成知識型創作者，但創作中的專業知識卻漏洞百出之類的。

討喜的形象固然能為你在社群上加不少分，但如果摻進過多你無法掌控的因素，就很有可能在經營中踢到鐵板。因此在內容的品質與真實層面中，**找到最能傳達自身價值觀的社群形象**，發現最適合自己的平衡是非常重要的。

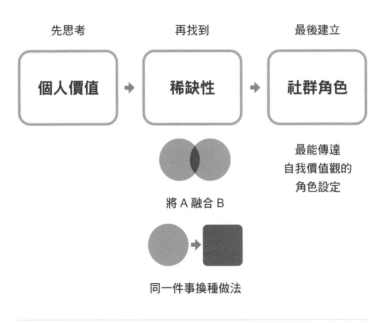

圖表 2-19　品牌價值設計（續）：找到自己的角色設定

2-4 群眾樣貌
——「誰」會喜歡你的品牌？

　　當你掌握了說故事的方法，也確立了自己的社群形象，現在你自信十足地準備在社群上大展長才，但是……哪些人會喜歡你的作品呢？

　　為了方便說明，以下我們稱這些人為「受眾」。受眾的組成和樣貌取決於你的社群形象、說話口吻及價值觀（當然作品的內容也有頗大影響）。你可能會想：「為什麼我要花時間了解自己的受眾呢？」這可能是因為你與受眾隔著一層螢幕，所以真實感並沒有那麼強烈。

　　如果是面對面的話，情況就不一樣了：面對一群六十歲的長輩，和面對一群十歲出頭的孩子時，你會用一樣的口吻說話嗎？

　　以更實際的例子來說，賣給上班族女性跟國高中女生的美妝用品，不管是包裝、定價、內容物肯定都會不太一樣。

　　每個族群都有適合的溝通方式，這就是為什麼你必須非常了解自己的受眾，去了解他們的喜好、想法、最近流行

的話題，以及使用網路的習慣。

接著，將這群喜歡你的受眾「綜合濃縮成一個明確的人」：這個人長什麼樣子呢？他／她的年齡、興趣、使用網路的方式、最近在追什麼流行，以及最重要的，這個人想解決什麼問題（希望獲得什麼）？

以我的品牌「街頭故事」為例告訴大家，我自身的觀察與後臺數據結果都是一致的：

● 年齡：十八～二十八歲居多，男女比例約為三：七
● 興趣：閱讀、文字、插畫、設計
● 想解決的問題：希望為生活裡累積的情緒找到出口，也希望透過閱讀他人創作獲得療癒、陪伴的感覺

如果你能像上面一樣，列出自己的受眾形象，就可以更了解他們需要的內容是什麼，再反過來設計他們喜愛的內容，並在漫長的經營之路中慢慢觀察、微調這個結果。

這邊再舉一些實際存在的品牌案例，大家看完後應該會更有方向：

Ａ品牌：插畫圖文粉專，賣點是呆萌可愛的吉祥物，以「耍廢、懶洋洋地過日子」為主題創作。

　　先告訴各位，Ａ品牌的主要受眾大部分是上班族。

　　如果只看粉專的主題，直覺地把「可愛」和「年輕」畫上等號，大概會以為這些受眾也像粉專的賣點一樣，都是懶洋洋的年輕上班族吧？但實際上，這個粉專卻吸引了一大批三十到四十歲、社經地位較高的上班族。真正的原因，我想是一種反彈：平常上班壓力已經夠大了，觀看他人創作時，反而希望從中找到壓力宣洩的出口，而這也就是Ａ品牌的賣點：耍廢。

　　這邊再舉一個例子：

　　Ｂ品牌：電影特效創作者，以影片剪輯、後製教學為內容。

　　理所當然的，Ｂ品牌的專業導向內容吸引了許多跟影視工作相關的從業者，以及一定比例的學生。

　　明白你的受眾，就能反過來設計他們需要的內容；但同時也要記得，維持創作內容的調性，也就是上一節提到的

人物設定。

　　平時也可藉由觀察不同類型且有影響力的創作者，分別會吸引到怎樣的受眾，做為自己的參考。有個簡單的方法，可以用旁敲側擊的方式，大致猜出一位創作者的主要受眾，那就是從創作者貼文底下的留言觀察「怎樣的留言會得到最多讚數及回覆」。

　　通常，這些備受關注的留言核心理念會很接近創作者本身，因此，觀察留言者的帳號本身，也就很接近直接觀察這個粉專的主要受眾。

　　人們之所以會喜歡一位創作者，有一個很大的動機是「想成為他」「想和他一樣」；不管是同樣的穿著、一樣精於某件事情，或擁有一樣的生活態度都是。

　　結論：感受觀眾想要什麼。

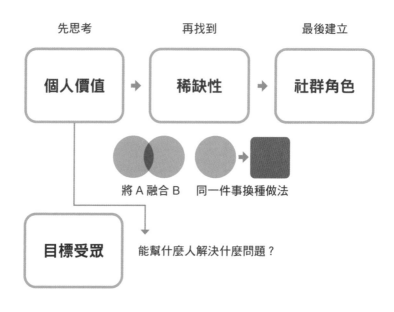

先思考　　　　　　再找到　　　　　　最後建立

| 個人價值 | → | 稀缺性 | → | 社群角色 |

將 A 融合 B　　同一件事換種做法

| 目標受眾 |　　能幫什麼人解決什麼問題？

圖表 2-20　品牌價值設計（續）：了解你的受眾

2-5 為什麼我總是抓不到觀眾的口味？

你是否覺得：經營社群時，似乎永遠沒辦法找到一招打天下的方法？

這是很正常的。

我剛開始經營社群時，就像圖表 2-21 所呈現的，只把自己的 Instagram 當成作品集：有圖就丟，沒有深入思考作品與作品間的關聯性，甚至沒有好好地介紹每一篇作品。隨性的程度甚至到了貼文圖片有時有邊框，有時沒有；文案有

社群版面是個人作品集嗎？

拍了好看的照片

剪了厲害的影片

畫了漂亮的插圖

圖表 2-21　你的社群版面只是個人作品集？

時有完整的標題和設計理念，但有時只想放上今天的日期和一句短語。

「不管怎樣，先求有、再求好吧！」抱持這種想法經營了幾個月的社群，我很快就發現這麼隨性的方法是行不通的。於是我仔細觀察把社群經營得有聲有色、分屬不同領域的創作者，發現他們在一篇一篇的貼文中，都有屬於自己的「模式」；即使是那些風格看似隨性的熱門圖文畫家，在安排每一則貼文時，依然有著難以察覺的巧思。也就是說，即使你已經決定了自己的品牌價值、角色設定、找到了屬於自己的受眾，但是在同樣的核心理念下，創作在社群上呈現的樣貌依然有千變萬化的可能。

於是我開始尋找「適合自己的模式」。

以我的例子來說，即使我的品牌理念自始至終都是「用插畫敘述各式各樣的街頭故事」，但依然有不同變化的可能性。以下是我嘗試過的不同模式：

一、以單張圖片為主，將畫作背後的故事全部寫在文案區。

二、圖文並茂，將故事重點寫在圖片上。

三、類似漫畫的圖文並茂，將故事敘述寫在圖片上，

但將完整的細節保留在文案區。

　　事實上，如果換一個畫風、換一個拍攝方式就算換一個模式，那麼這幾年間，我其實已經換過將近十種不同模式了，而且每一種都嘗試了一段時間，並將優點保留到下一次嘗試中。

　　最後讓我順利被看見的模式是第三種。當我找到適合的模式後，成效很快隨之而來，在二〇二〇年的兩個月中，我的 IG 粉絲數從六千人一路漲到七萬人，就是拜這個模式所賜（參見圖表 2-22）。

單純插畫

粉絲數
0 ～ 1000

耗時 1 年半

圖文並茂

粉絲數
1000 ～ 6000

耗時半年

敘事插畫

粉絲數
6000 ～ 80000

耗時 3 個月

圖表 2-22　不同模式，不同的漲粉樣態

如果你也煩惱社群總是做不起來，一直吸引不到觀眾，有時候不是內容不夠好，而是只差「找到對的模式來呈現」的臨門一腳。

　　但也如同這一節最前面所說的，在社群中，沒有永遠行得通的方法，也就是沒有能讓你一招打天下的模式。

　　其實不只是經營社群，只要你的作品會給人看、會與人產生互動，就要接受成功的標準始終是一直浮動的：今年可行的創意，明年可能就不行了；當下可以使用的話題，風頭過了可能就會流於濫用。

　　在這邊，和大家分享我經營個人官網時的小實驗，也就是關於尋找「對的模式」。

　　我的官網剛上線時，正好是自己的繪畫課程開課期間，於是我在官網首頁上放了醒目的欄位，向大家宣布我即將開課，讓每位點進官網的觀眾都能輕易看見。

　　預想中，在官網的醒目欄位上出現新的商品，成效應該會不錯，但課程上架後第一波的宣傳的效益，卻沒有想像中好。兩天後，我改變方法，將課程文字直接打在圖片上，並將左上角「線上課程」的小貼紙改成「倒數 10 天」——因為「這是一堂線上課程」的資訊已經在圖片裡說明了。

圖表 2-23 找到對的模式，讓點擊率大大提升！

　　如圖表 2-23 所示，雖然直覺來看，新版圖片的文字量有點多，但是透露給第一眼看到的人的資訊也相對完整。果然，新版圖片上架後，點擊率上升了非常多，在限時動態的導流下，吸引了不少對課程有興趣的讀者點進網頁，讓這一波的招生狀況相當不錯。

　　再舉一個例子，我在觀看官網的統計數據時，發現官網上與觀眾互動最低，也就是大家看過後最少點進來的欄位是「延伸閱讀」；但延伸閱讀是我在設計官網時花了最多心力編排的，裡面的內容介紹了我為什麼成為一名畫家的故

事，還附上我接受過的專訪，以及好幾篇精選貼文。明明是內容這麼豐富的一則分頁，也花了比其他分頁更多的心力設計，怎麼反應卻這麼普通呢？

這就是第一章第五節談到宣傳自己的產品時所提到的，即使是優質的內容，如果沒有得到好的包裝，也有可能被大家忽視。

後來我請了親朋好友一起測試，在沒有告知理由的情況下，請他們試著瀏覽我的官網，並在過程中仔細詢問他們第一眼看到什麼、想點什麼按鈕、覺得這個地方是什麼功能？後來測試的結果是：大家都很容易略過「延伸閱讀」，因為照片的內容就是作品本身，讓人聯想到更多插畫作品，但文字卻寫著「閱讀更多街頭故事」——實際上，裡面的內容更接近大家認知中的「品牌故事」。就這樣，這項設計讓初來乍到的人們混淆不清，自然就會下意識避開自己不明白的按鈕。

這套方法在使用者經驗設計（UX 設計）中稱為「使用者測試」，有興趣的讀者也可以請親友測試一下你自己的社群。

於是我整理了這個欄位的主要目的，調整為「告訴觀眾我的品牌由來是什麼」。

我先將圖片換成自己拿著畫具的照片，文字也改成「點進來看看更多的街頭故事吧！」。為了測試到底是不是欄位預覽圖的問題，我並沒有更動點擊欄位後會看到的任何內容。

　　一週後，這個欄位的點擊率上升了七〇％，而且是在內容完全沒有任何改變的前提下（參見圖表2-24）。

圖表2-24　整理欄位概念，將「延伸閱讀」改為「品牌故事」

　　請記得，在大多數的情境中，使用者所想的永遠和你設計時預設的不一樣，多多找人測試，才能做出設身處地的設計。

因此，不管是社群貼文，還是你的任何產品（官網、實體商品）都必須順應時勢地修正，漸漸找到適合自己的模式；只是，永遠沒有「最適合的」，你只能在過程中依照經驗與觀眾的回饋不斷修改。就像每年都會出一款新的 iPhone 一樣，有些可以廣受好評，有些卻飽受批評，但從長遠來看，整體仍然往好的趨勢發展，這就是一項好產品、好創作的演進。

　　堅持做，並在過程中不斷修改，社群中沒有永遠能夠一招打天下的模式。

2-6 讓流量成為你的好朋友

這幾年，由於網路創作越來越盛行，大家在社群媒體上也漸漸不避諱談到創作商業化的話題，讓「流量」兩字已不屬於行銷領域獨有的專業名詞。但是「流量」這個大家既熟悉又陌生的東西，到底該怎麼得到呢？

怎樣才有流量？

這個問題說白了，其實就是要如何讓社群成長、讓品牌被看見；或者，要怎麼讓更多人看見自己。

雖然本書的第二與第三章就是針對這些問題進行撰寫的，但這邊在討論流量的實際應用時，我可以先做個小結論：

一、提供免費又吸引人的超讚資訊（實用的、療癒的、有趣的都可以）。

二、穩定發布、推播第一點提到的東西。

雖然基於時間或資源的因素，你能貼出的資訊數量有

限，但可以用不同方式重複推播相同的素材。例如在貼文時，幫大家整理與這篇貼文主題相關的舊貼文（例如：介紹一家餐廳時，邀請大家閱讀更多自己過去所寫與美食相關的文章），或是那招被用得有點氾濫的「回顧一年前的自己」。

另外，**一時竄起的超高流量，比不上穩定且長期的高流量。**

想要穩定的流量，除了不斷構思創新、有趣的內容以外，也需要建立觀眾長期的閱讀習慣，讓觀眾滑手機時想到「啊，我記得○○今天晚上好像會更新呢」。

或者當觀眾看見你的最新貼文時，能想著「對了，順便逛逛○○的個人頁面和網站，看看有沒有新活動和新產品吧」。

想做到第二點，請記得在貼文中放入「來逛逛我的網站吧」這樣的行動呼籲；如果擔心誘因不夠，可以穩定在網站中放入高品質且限定的內容，例如一篇貼文幕後的故事。

還記得第一章講到「不同創作者，一週分別有四個與八十四個版面可以出售」的例子嗎？

流量也是一樣，如果一位創作者一週只更新一次，跟每週更新二十一次的創作者比起來，能曝光的機會就會少一

些（但還是要再次強調，由於每個平臺演算法及觀眾疲勞程度的關係，更新頻率高一些通常很好，但並不是越高越好）。

那麼，如果你平時忙於工作，或因為創作素材得來不易，導致更新頻率不高，該怎樣在更新與更新間仍然與觀眾保持有價值的互動呢？

一、最簡單的方法，用限時動態分享一些生活小事及品牌背後的近況、詢問觀眾對品牌的想法，或者以預告方式介紹未來產品的訊息。

二、思考能穩定且簡單產出的更新內容，例如 YouTube 的 Shorts 短影音，比起一般的影片更能快速、即時製作。

三、更新自己的個人網站，即使只是多打一篇文章、多放上新的一項產品，或是更新一張手機桌布讓觀眾下載也行，讓觀眾除了你的社群媒體，也養成逛逛你個人網站的習慣。

要怎樣讓流量成為你的工具？

看完第一章「流量變現」的方法後，你已經知道：有了流量，就可以間接打造不同的收入方式。具體來說，有人願意看你的創作雖然是件很棒的事，不過將流量導進你想要

的地方又是另一回事；說明白些，就是：「怎麼讓看到內容的人採取下一步行動？」進一步購買你販售的產品或服務。

比較基本的做法：
- 在貼文中附上連結
- 在個人簡介中附上連結
- 在限時動態中附上連結
- 在自己的網站／部落格中附上連結
- 開一個 Facebook 社團或群組（Line、Discord 等等），邀請觀眾加入後定期推播

進階一點的做法：
- SEO（搜尋引擎優化）自然搜尋
- 投放 Facebook、Instagram 廣告
- 請人代言業配
- 開一個 Line 官方帳號定期推播

你有沒有發現一件事？

那就是大部分的社群媒體或任何展現你創作的平臺，都不會提供直接的「下單服務」，不論是 Facebook、

Instagram、YouTube、Podcast、推特等，即使像 Facebook 有展示商品的功能，也依然是展示外部網站中上架的商品。

　　這個意思是，當你順利做出好內容後，還是要將觀眾帶進其他網站（例如 Pinkoi、蝦皮購物、Accupass 或任何一個平臺），並將那些觀看內容的人順利帶進網站中、點下購買鍵。

　　另一種情況是，你同時經營一個以上社群媒體；儘管分開來看，個別內容都非常獨特，但也都非常分散。

　　舉例來說，即使我是○○頻道的忠實觀眾，每週都會固定收看他們的創作並持續一年，卻有可能因為錯過了某一集影片，因此不知道他們有販賣好看的周邊商品，或即將舉辦有趣的線下活動；甚至儘管知道他們有 Instagram，卻不知道也有經營 Facebook。

　　所以，社群創作者的首要任務其實是「整合」，也就是讓這些網站能夠彼此導流，**讓你的長期觀眾購買你的商品，讓買你商品的人成為你的長期觀眾。**

　　事實上，只要有個個人網站就能滿足這樣的需求，整合你的所有資訊與內容，讓它們看起來正式不雜亂，進而達成銷售的目的。

　　在這邊，整理社群媒體及個人網站的幾個區別：

比較項目	社群媒體	個人網站
發布內容接觸觀眾的即時性	高	低
與觀眾互動的難易度	高	低
當期活動／產品 與過去案例等資訊整合度	低	高
下單購買產品	不可	可

圖表 2-25　社群媒體與個人網站的功能比較

　　從圖表 2-25 的比較中就能看見，社群媒體與個人網站的功能是互補的，一個適合快速發布內容，一個適合整理內容；兩者若能互相導流，就能讓彼此的版面成為你的重要資產，能置入產品及廣告的地方也隨之增加。

　　個人網站可以自己架設、花錢請人架設，也可以使用網路上的套版工具直接完成。

　　在這邊，介紹一個二〇二二年推出的社群整合工具「傳送門」（參見圖表 2-26）。

　　你可以在傳送門裡放上所有你希望導流過去的網站連結，以文字按鈕或圖片欄位呈現，整合所有重要的資訊，讓

街頭故事x啾啾與小黑

Hi! 我是李白，一個收集故事的畫家👨‍🎨

【最新消息：周邊商品開放預購！】

預約似顏繪｜每月5號開放報名

✉ f ⊙ Bē 𝔭

街頭故事周邊商品｜最新推出！

順手贊助支持，一起看見更多街頭故事

圖表 2-26　我的傳送門

前來觀看的觀眾及潛在客戶一目瞭然。

以我的傳送門舉例，我放上了自己的：

- Instagram、Facebook連結
- Line貼圖商店
- 線上課程的網站
- 訂製商品的網站
- 過去接受過的採訪連結
- 合作洽詢的信箱
- 購買我前兩本書的網路書店連結

在純文字中看起來五花八門的網站連結，通通收錄進傳送門後，就能透過編排和圖片呈現出好看的樣子。

除了放上連結，也能製作類似部落格的貼文內容，深度介紹你的品牌故事、展示自己的作品、過往合作案例等等（參見圖表2-27），而這些都是一般常見的社群媒體難以做到的事情。

【街頭故事的由來】

2015 年，我為了克服自己的害羞，決定挑戰自己與陌生人聊天，於是我走上街頭，用一邊畫圖、一邊聊天的方式在街頭巷尾畫下一個個陌生人。

在這段旅程裡，我意外的發現自己讓陌生人敞開心胸聊天的能力，有數不清的人們在畫圖時將自己的煩惱、悲傷及祕密交給我。

於是，
我成為了一名收集故事的畫家。

圖表 2-27　傳送門能做到許多社群媒體做不到的事

如果你經營的品牌是圖像角色 IP，網站內甚至還有放置 logo 及小圖像的功能，可以在個人主頁中放置「角色介紹」，讓有興趣的觀眾點入後，觀看更多的角色故事（參見圖表 2-28）。

圖表 2-28　我在個人主頁所放置的「角色介紹」

　　簡單來說，就像是不用學程式碼，也能輕鬆架設的個人網站。

　　設置連結後一段時間，從後臺觀看點擊次數與瀏覽次數，進一步算出這項連結的 CTR（點擊次數／瀏覽次數）——也就是多少人看過後會實際點擊的數據。CTR 越高，就表示這個連結越成功、越吸引人（參見圖表 2-29）。靠著觀察數字的高低起伏，就能發現自己的哪個網站更吸引人，也可以透過修正在傳送門上呈現的方式來改善，例如改變圖片、文字顏色、資訊多寡等等。

可觀看點擊數及瀏覽數

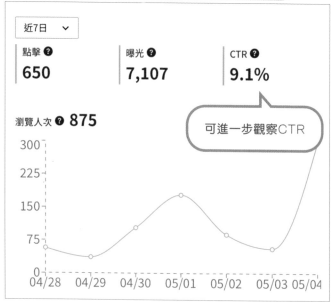

可進一步觀察CTR

圖表 2-29　透過後臺數據了解自己的網站

「傳送門」這個專門提供創作者使用的網站既沒有廣告，沒有醜醜的浮水印，也不會因為你沒付月費，就只能使用少得可憐的基本功能。

　　最後，不管你選擇什麼工具，都必須考慮在努力創作以外，如何將包山包海的資訊整合起來，變成每個觀眾都能輕易看懂的樣子。

　　掃描 QR code，馬上來體驗看看吧！

2-7 別害怕自己成為小眾創作者

「我的粉絲數好少，我好遜喔。」

在經營社群初期，有這種想法是很正常的，尤其是拚命想貼文內容，卻不見迴響、慘澹經營好幾個月的時候。

但我想告訴你，成為大眾款人氣品牌其實並不是唯一的道路。

不知道你是否曾看過一個現象：有些社群雖然有龐大的追蹤數及粉絲量，但按讚數與互動程度卻不成比例的少。相反的，另一種極端的情況是：有些小社群儘管看似不太知名，卻意外擁有非常良好的互動比例，粉絲留言踴躍，甚至明顯可以從留言的內容看出有老觀眾（參見圖表 2-30）。

第一種情況中，撇除「買粉絲」「買假帳號按讚」這種特殊狀況（請不要做這件事，對你的社群品牌真的沒有幫助），這個現象有可能是因為這個社群雖然吸睛，但稀缺性極低──說難聽一點就是「免洗」，大部分的群眾可能只是路過給個讚，卻沒有真正深入了解這個品牌。

第二種情況就是一個社群小品牌非常好的起手式。雖然僅有少少的追蹤數，卻坐擁一群忠實粉絲，這可能是因為

20 萬人追蹤，1000 人按讚

粉絲數超多，但互動卻超低

1000 人追蹤，540 人按讚＋踴躍留言

互動非常好，甚至明顯有老觀眾

圖表 2-30　粉絲多，但互動低 vs. 粉絲少，但互動高

平常與觀眾的互動密切，並提供了非常精實的內容之故。在社群經營中，追蹤數只是一個數字，真實的影響力才是勝負的關鍵；影響力會直接決定你的行動呼籲強度，舉凡宣傳概念、辦活動、賣商品及商業合作，都是行動呼籲的體現。

這是相當反直覺的一句話：**其實你的創作從來不必「闔家觀賞」**，因為大眾款品牌隨處可見，多數觀眾給出的關注也是很有限的；然而小眾款儘管無法吸引大部分的人，但光是懂得欣賞的那一小批人，就能給出高品質的關注。大家可能不知道，在美國有一群由中年男性組成，熱衷於研究洗衣機型號、轉速、運作音量的洗衣機俱樂部。

這件事情就像「流行音樂」與「獨立音樂」的不同，許多主流歌手都是從獨立音樂起家的；也有人表示自己喜歡獨立樂團的理由之一，就是因為他們「夠小眾」。

再舉個例子，有一位名叫 Clip Wilson 的加拿大人，在瑜伽這項運動仍是小眾文化時就嗅到了商機，自己研發了極度柔軟的衣料，製作成好穿、吸汗的瑜伽褲。但因為創業初期沒錢投放廣告或請大咖運動員代言，因此他選擇免費提供給當地的瑜伽老師，讓他們在課堂中穿著自己的產品。學生看久了，便產生好奇心，就這樣一傳十、十傳百，大家紛紛進入店內選購瑜珈褲。後來這個品牌迅速壯大，花費二十年

的時間推波助瀾，反過來將瑜伽從小眾文化發展至全面流行的運動，這就是堪稱瑜伽界香奈兒「Lululemon」這個品牌誕生的故事。

大家或許也已注意到，這些年來，國內有越來越多原本是小眾文化的興趣漸漸浮出水面，幾乎已經成為大眾主流的話題，比如「脫口秀」或「美式漫畫」，而這也要歸功於從最初便支持小眾文化到現在的堅實粉絲群。

小眾文化成功後，有可能會變成主流，也可能不會；但不管怎樣，只要凝聚了對的人，就有你可以發揮的地方。

結論：有時候，就是因為「小眾」，才有堅實的粉絲群。

第 3 章

什麼？創作者還得學會講故事？
——故事體驗設計

「我想介紹我上禮拜讀過的書、吃過的早午
餐、看到的漂亮風景和我家的貓。」

「這些東西，通通都在我的同一篇貼文裡。」
「有點塞太多了吧...」

談到「說故事」，大家想像中的畫面通常會是在昏黃燈光下奮筆疾書的小說家、在鏡頭前口沫橫飛的 YouTuber，或某個古裝小說裡提到的天橋下說書先生。在這些畫面裡，說故事僅是少數人的專利，跟我們沒什麼關係。

　　但如果我們把「說故事」這三個字改成「表達」呢？

　　「說故事」這件事說穿了，就是表達能力的展現，將好的故事用對的方式說給對的人聽，才能讓你順利被看見。想達成讓興趣為你工作，有一項大前提，就是要讓人為你的興趣買單付錢。如果你不懂得表達、不會說故事，沒辦法讓這些人心服口服，不管你在工作中怎樣鞠躬盡瘁，所有努力都將化為流水。

3-0 如何說故事？

在這一章，我會分享如何用「說故事」的方式經營社群，將有趣的內容說給你的觀眾聽。

在那之前，請先問問自己一個問題：生活中，你有沒有聽人說過這些話呢？

「只要把圖畫好，就自然會有出版社找上我。」
「做出最好吃的便當，顧客就會自己找上門吧。」
「我把自己的生活和狀態打理得這麼好，為什麼還是找不到另一半呢？」

其實這幾句話都有一個共通點，就是將達成機會的可能性全部放在「品質」上，接著被動等待對的人來發現自己。

但以賣便當的例子來說，只要便當做得好吃、物美價廉，就保證一定會大排長龍嗎？

你一定也吃過即使排了隊卻不好吃的便當，或是吃過儘管店裡客人寥寥無幾，卻意外好吃的便當吧。

有才華的人不一定會被看見，好吃的店也不一定能順利客滿。這句話聽起來很不公平，但深入思考後其實是相當公平的。就像一個做事俐落、工作效率高的職員升任主管後，並不保證他的工作能做得像以前一樣好，因為「執行」與「管理」本來就是不同領域的技能；同樣的，「品質」與「曝光手段」也是需要分別努力的不同技能。

現在，就讓我們試著在「品質」以外，找出可以努力的地方吧！

你可以想像一下，如果你的創作是一包糖果，一包放在點心店裡的糖果。那麼「糖果」本身就是你的內容，而「包裝」就是你的行銷手段。

一、身為創作者，我們很容易陷入的狀況是只專注於做好「內容」，但這樣可能永遠都不會被世人看見。這也是為什麼我們常聽到「當畫家很容易餓死、畫家過世後才會出名」之類的話，因為世界上有太多創作者都堅信「創作做得好，自然會有人喜歡」的道理。

二、如果只專注做好「包裝」，卻忽略了內容的品質，整個創作就會變成沒有內涵深度的空殼，日子久了還是會遭到市場淘汰。你應該能想到很多名不副實的例子：媒體大推

的名店其實不好吃、廣告打很大的手機卻不好用等等。

　　從上面兩種狀況可以發現，設計這包糖果時，無論是只傾向做好包裝，或只做好糖果，都會導致失衡。

　　從更宏觀的角度來看：你的觀眾要吃的是哪一種糖果？是稍微能帶來飽足感的？看電影時配著吃的？還是飯後解膩、讓口氣清新的糖果呢？（參見圖表 3-1）

　　到底怎樣的創作才會大受歡迎？從糖果的比喻來看，絕對不是只有好吃、漂亮就會受歡迎，還有更多需要著重心力的地方，讓這包糖果擺在店內時，能讓人第一眼就覺得：「看起來真好吃！」並能在味道上滿足顧客的需要。

只注重包裝，
就會變成沒有深度的空殼

只注重內容，
卻可能永遠不會被看見

思考：你的觀眾想吃哪種糖果？

圖表 3-1　你要做的，是哪一種糖果（創作）？

所以「故事」，其實是門溝通的藝術。

生活中，你還在對人使用無效溝通嗎？

「兒子，快點去打掃房間！」

「爸爸，你不要再抽菸了！」

「客人，來買一些○○吧。」

無效溝通的本質，就像電影裡的警察追捕犯人時總會大喊「站住！」一樣無用，只能傳達一方的意念，無法達成有效溝通。

現在不妨思考看看，在這幾句話尾端加上「因為」：

「快點去打掃房間，因為……」

「不要再抽菸了，因為……」

「來買一些○○吧，因為……」

這是一個看似簡單，卻常在商場或社群溝通上被人忽略的重點。以「被溝通對象」的想法為出發點，才能真正讓別人理解並執行你希望對方做的事情。

以第三個例子來說，「因為」的後面可能是：

「這是業界最方便的工具，購買後可以讓你省下三成的工作時間。」

無論是賣東西、推廣活動、經營社群，都是人與人溝通的過程。但所謂的溝通並不是拚命叫喊，而是讀懂別人的心，並有意識地對被溝通者說出那個「因為」。

再舉幾個例子讓大家更好理解：

「十二吋外帶披薩特價中，超大超好吃喔！」

觀眾想知道的是：十二吋有多大？五口之家夠吃嗎？

「新推出的三十公分斜背包收納空間無限大，從此出門不煩惱！」

觀眾想知道的是：裝得下我的平板電腦嗎？有夾層能收納小東西嗎？

你可以發現，單純強調數據和高機能並不能馬上讓觀眾產生共鳴。所以社群溝通其實是這樣的：**先讓觀眾理解概念，才能讓他們吸收資訊**，而不是一開始就丟出大把資訊，並期待他能有效吸收。這裡再提一個我自己在街上看過的

理髮廳廣告：

「本店的設計師各有不同風格，相信你一定可以找到最適合自己的那種！」

我想知道的是：所以我要來好幾次，才有可能找到「最適合自己」的設計師嗎？

剪頭髮的本質和買便當不一樣，一次失敗就會讓你維持不理想的狀態好幾週，甚至好幾個月，所以一般人只會希望「一次就能找到最好」。

在資訊越來越豐富的今天，只強調數字、性能和高品質已經不夠了。以我這樣一個職業插畫家為例，比我畫得更好、更精緻的畫家大有人在，所以我努力的方向不會是「畫得最好」——和高手比他最厲害的地方，永遠是最辛苦的（這條路並不是不可行，而是難度較高）。

能不能被看見的關鍵，在於你的品牌有沒有辦法和觀眾產生有效溝通，也就是你會不會「說故事」。

所以，從現在開始，思考每個故事前，請先把自己代入觀眾的角色；成功代入後，再想想看他們想要的是什麼故事，這件事就叫「換位思考」，也就是站在客人和讀者的角

度思考需求。在創作路上，可能已經有很多人提醒過你這件事，不過越簡單的概念，往往越容易被忽略。

請試著拋開以前對「說故事」的既定印象，把它當成一種溝通用的工具；要說得更容易理解的話，就是請把故事當成一種專門「與觀眾對話時使用的語言」！

接下來，就讓我來帶領大家一起設計出觀眾想要的糖果，並在社群上說出這包糖果背後的故事吧！

圖表 3-2　故事就是一種「與觀眾對話時使用的語言」

3-1 認識「故事體驗設計」

　　這一章的標題雖然有「故事」兩個字，但不是教大家編故事，憑空想像出如《魔戒》和《哈利波特》這樣波瀾壯闊、情節高潮迭起的作品，而是教你怎麼說故事、用說故事的思維包裝本來就有的故事，在社群中創造真正有料的內容。

　　如果要用最簡單的方式了解怎麼說故事，那麼請你把一篇故事當成一位新朋友吧。首先要看見他的樣貌，接著思考你對他產生什麼樣的感覺，最後再慢慢認識他的靈魂（參見圖表 3-3）。

| 看見他的樣貌 | 產生怎樣的感覺 | 認識他的靈魂 |

圖表 3-3　了解一個故事，就像了解一個朋友

如果整理一下這個過程，就會簡化成：「樣貌」「感覺」「靈魂」。

如果套用到故事中，就是：

● 樣貌：故事樣貌
● 感覺：故事體驗
● 靈魂：故事靈魂

今天我們在說一個故事的時候，可以試著反過來思考：

一、靈魂：故事靈魂（想告訴大家什麼？）
二、感覺：故事體驗（讀者看完的情緒？）
三、樣貌：故事樣貌（故事呈現的樣子？）

簡單來說，**就是由內而外思考一個故事**：先思考故事的核心價值，再決定想傳達什麼樣的情緒給讀者，最後才是故事呈現的樣子，包括故事是長篇、短篇，形式是小說或散文，這都是最後再決定的。

你可以在任何一個優秀的故事中看見上面這三項要素：故事靈魂、故事體驗、故事樣貌。為了讓大家更容易理解，

後面我會稱這項法則為「**故事體驗設計**」。

說到每個人都看過的故事，這裡就舉迪士尼近年來最知名的作品《冰雪奇緣》為例吧。

我們先忽略這部動畫電影裡所有的技術、特效、人物設計等，只看故事本身。《冰雪奇緣》是一部探討「真愛本質」的動畫——探討「愛」這件事聽起來很老套，但這部作品打破了迪士尼的傳統，不只簡單地告訴觀眾「王子公主在一起就是愛」，而是將家庭之愛與男女之愛放在一塊討論，並在電影結局裡第一次拋開傳統的男女愛情，讓姊妹情誼戰勝了邪惡的一方。從這部電影的幕後訪談可以知道，這部劃時代的偉大動畫電影（從商業利益和主題曲的洗腦程度來看）是這樣誕生的：

一、決定寫一篇剖析真愛本質的動畫劇本（故事靈魂）。

二、讓觀眾思考愛情與親情間的關係（故事體驗）。

三、劇本誕生：艾莎與安娜在冰雪王國裡的冒險故事（故事樣貌）。

你發現了嗎？製作團隊並不是一開始就決定要讓艾莎

成為一個害怕自己魔法力量的女孩，也沒有具體設計出她將擁有噴出冰雪、用雪花造出城堡的能力。這些酷炫奪目的元素，統統都是在最後一個階段（故事樣貌）才決定的，因為這些能在畫面上呈現的元素雖然吸引眼球，卻不是整個故事的核心。如果《冰雪奇緣》的背後是一部鬆散無趣的劇本，相信特效就算做得再美，也不會被人們長久記住。

所以，核心概念才是最重要的。簡單來說，故事體驗就是如圖表 3-4 要告訴大家的：

圖表 3-4　運用故事體驗設計三要素，由內而外設計故事

由內而外設計一段故事，並將這個故事當成觀眾即將經歷的一場「體驗」。

在這裡，先恭喜翻開這本書並看到這裡的各位，如果你是一名創作者或任何社群的經營者，只要學會故事體驗設計，就能輕鬆地將這套說故事的好方法，並套用在未來你的任何一種創作上。

3-2 故事靈魂
——一段故事傳達的價值

你能說出早年迪士尼動畫與皮克斯動畫的故事有什麼不一樣嗎？

在解答之前，先列出幾部他們出版的電影喚起各位的記憶吧：

- 迪士尼動畫：《白雪公主》《阿拉丁》《美女與野獸》……
- 皮克斯動畫：《海底總動員》《瓦力》《可可夜總會》……

就算你一部都沒看過也沒關係；但如果你對這些電影稍微有一點印象，那麼請試著想想看，這兩家公司出品的動畫電影究竟有什麼不一樣呢？記住，拋開所有的畫面、人物和特效，這裡只說「故事」有哪裡不一樣。

答案要揭曉囉：就是故事所傳達的「核心價值」不一樣。

- 迪士尼動畫的核心價值：真愛
- 皮克斯動畫的核心價值：回家

　　迪士尼的核心價值「真愛」應該很好理解，大部分耳熟能詳的童話故事都在傳達這項價值：被詛咒且失去雙親的公主遇見命中注定的王子，克服萬難打倒反派，從此過著幸福快樂的生活。

　　不過，你可能對皮克斯的核心概念「回家」感到一頭霧水。事實上，這裡的「家」並不是字面上的意思，而是「回到一個歸屬的地方」。皮克斯動畫的主角大多會在故事開頭遇上一個嚴重的問題，因此流離失所或被迫踏上一段旅程，並在混亂的過程中拚盡全力，回到那個屬於自己的地方（可能是原本的居住地，或是某個更適合自己的地方）。

- 《海底總動員》裡的混亂與回家：尼莫走失了，想盡辦法回到原本居住的珊瑚礁群。
- 《瓦力》裡的混亂與回家：機器人瓦力遇見另一個機器人伊芙，最後帶著火箭上僅存的人類回到末日後的地球重新生活。
- 《料理鼠王》裡的混亂與回家：小米因為自己想當

廚師的夢想，被迫離開村子裡的鼠窩，最後和人類開了屬於自己的餐館。

另外，寫這本書的當下我看了二〇二二年皮克斯最新推出的《巴斯光年》，在這裡不劇透你，但沒有錯，這就是皮克斯標準探討歸屬感的「回家」動畫，從一九九五年的《玩具總動員》到二〇二二年《巴斯光年》，故事中的主角從玩具、機器人、怪獸、一隻魚到太空飛行員，全都講述著同一項核心價值，從一而終。

這兩家公司的核心價值是截然不同的，雖然都是製作動畫電影，最後呈現出的效果與人們觀看後的感受卻天差地遠。當然，「真愛」與「回家」兩個概念並沒有誰好誰壞，不同的出發點自然會說出不同的故事。

看到這裡，你可以問問自己：你想透過自己的品牌傳達什麼價值呢？

可能是幽默、溫暖、負能量等等，暫且先把答案放在心裡吧。

你可以從上面的兩個例子發現，「故事靈魂」將成為整個品牌的核心。假設你想傳達的價值是「樂觀開朗」，

那麼從這個價值中，可能會延伸出不同的分支（參見圖表 3-5）：

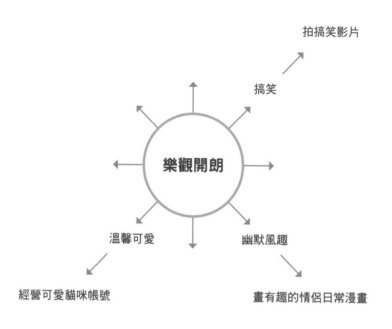

圖表 3-5　故事靈魂即是品牌核心

　　為什麼我從一開始就強調「由內而外」設計故事的重要性，就是要各位避免說故事時，陷入流於形式的陷阱裡。舉個例子，假如你是一位拍影片的創作者：

　　「偶爾錄個旅遊 vlog 好了」「拍個特效影片好像滿有

趣的」，像這樣從形式思考、不經規畫的出發點，很可能會讓觀眾對你的社群性質感到困惑（參見圖表 3-6）。

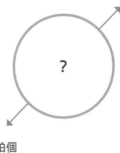

拍個特效影片
好像滿有趣的

?

偶爾拍個
旅遊 Vlog

圖表 3-6　別陷入「流於形式」的陷阱

　　以剛才舉過的例子《冰雪奇緣》來說，「愛的本質」是故事的靈魂，有了這個前提，才能順利設計出故事呈現的樣貌（參見圖表 3-7）。

　　如果搞錯方向、只在意形式的話，這個故事會變得無比混亂，也無法留下任何感動人心的種子（參見圖表 3-8）。

主角：姊妹情

愛的本質

白馬王子：大反派

圖表 3-7　《冰雪奇緣》的故事靈魂是「愛的本質」

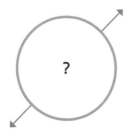

做個會說話的
雪人好了！

？

來個會冰凍法術的
公主吧！

圖表 3-8　只在意形式，反而讓故事變得混亂

在設計一段故事前，請先決定好故事的靈魂，並在未來用力地保護它。如果為了取悅「所有人」而隨意更改故事靈魂，那麼故事將只是一盤散沙（參見圖表 3-9）。

「做這個好像可以
得到很多讚」

「今天試試這個，
明天再換一個看看」

隨意更改故事靈魂，只會讓故事變成一盤散沙

圖表 3-9　故事的靈魂需要好好保護

結論：進行任何形式的創作和貼文前，先設定好「背後的動機」。

3-3 將你的感動複製給讀者
——故事體驗

　　設定好故事的靈魂後,接著是故事體驗;也就是你希望觀眾、粉絲看完你的創作後有什麼感覺?

　　你有沒有想過:為什麼我們會因為故事而感動?或是換一個更深入的問法:為什麼人們會被不同的題材感動?

　　「我喜歡愛情喜劇,但我朋友喜歡看科幻電影。」

　　「啊,我對描述親情的電影最沒有抵抗力了,每看必哭。」

　　明明看的是同一部電影,有的人看到淚流滿面,卻也有人呵欠連連,看起來似乎沒有一個故事能完全打動「所有人」。到底是為什麼呢?在回答這個問題之前,請先聽我說一個故事。

　　這個故事是我的親身經歷,是一個關於「我當街頭藝人時,不小心幫陌生客人求婚」的神奇故事。

二〇一九年，我在金門的市集擺攤，當時我還靠著在街頭畫人像為生。

那天擺好攤位後，迎面走來一名穿著皮外套的男子。單獨前來的他並沒有在我擺好的椅子前坐下，而是將手放在我的肩膀上，說了一句讓我震驚無比的話：

「你好，待會可以幫我求婚嗎？」

原來這位老兄早就計畫好今天要向女友浪漫求婚，鮮花和攝影師都準備好了，只是目前想到的求婚劇本頻頻遭到親友團打槍。苦惱之下，他看見在街頭畫圖的我，腦中終於靈光一閃。

他和我說完了自己的計畫，驚乍之餘，我對這個計畫非常有興趣，連忙點頭答應了他。

「包在我身上吧。」我說。

傍晚，他和女友手牽手從人群中出現，我若無其事地請兩人坐在攤位前。「你們好，要畫兩個人對嗎？」我一邊招呼，一邊拿出紙筆，在描繪兩人輪廓時，也開口聊起天。

那名男子和他的女友都是健談的人，我們聊得很愉快。過了一會兒，她才低頭看見我畫的圖：那張畫裡的兩個人穿著正式的婚紗與西裝。

說時遲那時快，男人單膝跪地，不知道從哪裡變出了一大束鮮花，開始說起他們兩人認識的故事，她又驚又喜地捧著雙頰，還聽得頻頻拭淚，最後順利讓男友為自己套上了求婚戒指。一旁的民眾圍成一個大圈，紛紛為兩人歡呼。這幕從前只在電影裡看過的求婚場景，就在我面前一公尺不到的地方上演。

這就是我幫陌生人求婚的故事。

但這個故事究竟和「故事體驗」有什麼關係呢？

原因就在我把這個故事畫成漫畫、上傳到社群媒體後，雖然得到了非常好的迴響，但粉絲的回饋卻出乎我的意料。我以為這個故事的看點應該是「有創意的求婚方式」及「意想不到的情節發展」，但大家的回饋卻清一色是：

「好感動，我看到要哭出來了。」

「看著看著就流下眼淚，好嚮往這樣的求婚。」

創作得到好的迴響雖然是件令人開心的事，但我不禁開始思考：大家又不認識這對情侶，也不知道他們交往的故事，為什麼看到求婚的瞬間還是會覺得感動呢？（按照常理思考，人們應該在見證過兩人的愛情故事後，才會覺得終於求婚的瞬間感動吧？）

後來我才知道，一個故事中，讓人感動的元素並不是「故事本身」，而是大家心裡原本就有的記憶共鳴，也就是所謂的「情懷」（參見圖表 3-10）。以這個例子來說，就是人們對愛情中浪漫與驚喜的嚮往，而這個故事正好挑起這樣的情感。

事件轉折	內心共鳴
● 假裝不認識的計畫 ● 畫成婚紗的似顏繪 ● 親友團簇擁而上	● 對愛情與浪漫的嚮往 ● 對求婚場景的想像

圖表 3-10　記憶共鳴（情懷）才是故事讓人感動的原因

那麼人們的情懷……究竟是什麼呢？

每次回到老家時，總要去巷口那家從小吃到大的滷肉飯；即使你內心知道那並不是最好吃的滷肉飯，卻還是儀式性地一次次前往。

再舉另一個關於吃的例子：

小時候在外婆家吃飯總是用木碗的你，長大後某一天在異國逛手工市集時，看到攤位上販賣做工非常類似的木碗，雖然價格有點超出預算，卻還是買了下來。

這些藏在歲月中、漫長記憶裡的情感，就是所謂的「情懷」。情懷讓我們偶爾做出非理性的決定，比起追求所謂的最好，更傾向於滿足心中的渴望。

回到一開始的問題，為什麼人們會被不同題材的作品感動，就是因為每個人的成長經驗與情懷不一樣，能被感動的題材也因此迥然不同。

所以，要怎麼讓你的故事打動人心？其實就是**掌握觀眾們本來就擁有的情懷，再從中設計「故事體驗」**。

從記憶出發的情感，足以決定一則內容能否打動觀眾。因此，在設計故事體驗時，你可以思考：這則內容要挑起大家的「哪一種記憶與情懷」？（參見圖表 3-11）

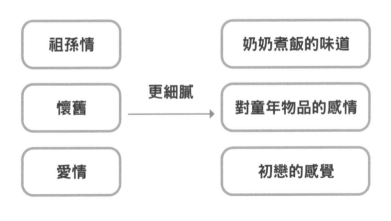

圖表 3-11　情懷，決定創作內容的意義

　　看到這裡，你可能已經猜到了，就是我們很難憑空塑造一種情懷。這裡舉一個網路上常見的創作形式：地獄梗。

　　地獄梗是近年來網路上很容易引起話題的一種創作形式，以不道德的出發點為笑點（宗教、種族、貧富差距等等），彷彿說出來就會下地獄一樣。

　　這裡先不探討地獄梗的對與錯，讓我們一起思考：為什麼地獄梗能讓人發笑或生氣？

　　其實是因為，每個地獄梗都說中了某部分的現實。正因為開玩笑的對象是真實存在的，才有辦法引發人們正面及負面的情緒。反過來說，如果你今天以「獨角獸」這個族群

開了一個種族歧視的玩笑，沒有人會因此動怒，因為這個族群在普遍認知裡是不存在的，所以你無法在短時間內，憑空讓觀眾為了「獨角獸」遭遇的不公不義感到悲憤。

不過，這個例子有個例外，也就是如果你的創作形式是電影或小說之類的長篇載體，能花一段時間讓觀眾對「獨角獸」這個族群產生情感寄託和同理心。但如果你的目的是社群經營，在創作篇幅較短的情況下，請試著以人們本來就擁有的情感來著手設計故事吧；請試著了解你今天想打動的觀眾，了解他們擁有的共同記憶是什麼？

結論：比起追求創作形式上的華麗、奇特，必須優先思考哪些既有情感能打動人心，再從中設計出故事體驗。

3-4 運用「情境」設計社群故事

　　知道如何挑選情懷後，下一步就是讓觀眾走進你的故事情境裡，才有可能進一步讓人們因情感的渲染而被打動；簡單來說，就是運用故事快速將觀眾拉離現實的意思。

　　拉離現實？你可能會問：「那麼我要寫一個夠誇大、奇幻的故事才能辦到嗎？」

　　剛好相反，其實是在故事裡創造一個讓人感到熟悉的環境。請聽我很快地再說一個故事：

　　男子點了一杯咖啡，在我面前坐下。

　　他說：「其實我不認識你，這個預約是我的心理師幫我預訂的。」

　　「心理師給了我一個任務，就是和五個人說自己的故事，而你就是第五個人。」

　　這是一篇只有八十個字的故事，看起來有點沒頭沒尾，對吧？

　　沒錯，因為我的目的並不是在貼文中寫出一篇偉大巨

作，而是快速將你拉離現實、進入故事情境裡。

雖然我沒有花大把篇幅描述這個故事的場景，比如「這是一個風和日麗的下午，座落在深巷裡的，是一間雅緻的咖啡廳」，而是用「男子點了一杯咖啡，在我面前坐下」這句話交代故事發生的場所（能點咖啡的地方，應該不會是公園吧），以及主角的相對位置（我比男子先到咖啡廳，並已坐在位子上）。

接著男子開口：「其實我不認識你，這個預約是我的心理師幫我預訂的。」雖然沒有說明故事中的「預約」究竟是什麼服務，卻很快就告訴觀眾這名男子與我的關係，也讓觀眾準備好了解故事的後續。

最後，「心理師給了我一個任務，就是和五個人說自己的故事，而你就是第五個人。」一句話就告訴觀眾，故事中的男子有定期進行心理諮商，這次預約是安排好的諮商環節，還要完成「找五個人說自己的故事」的任務。至於究竟是什麼樣的故事，被挑起興趣的觀眾自然就會去了解。

就是這樣，用最精簡的文字，一次次揭露部分資訊，讓觀眾既能輕易閱讀，又能保持好奇心、深入了解。站在社群貼文的角度來看，每個創作被閱讀的情境可能都是破碎的

（等車時、上洗手間時），所以，你只需要在有限的篇幅內講出必要的資訊就足夠了（參見圖表 3-12）。

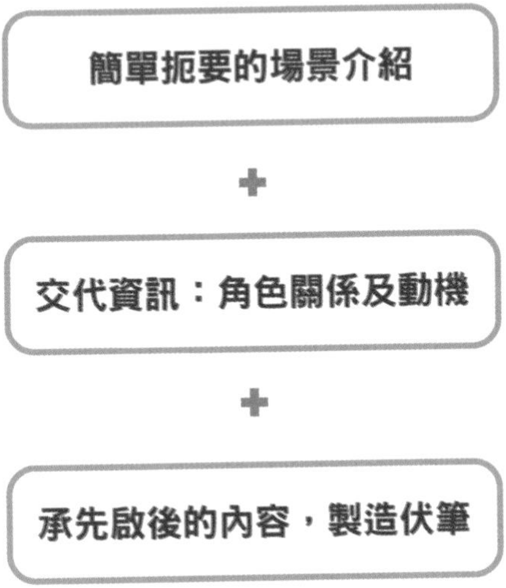

簡單扼要的場景介紹

＋

交代資訊：角色關係及動機

＋

承先啟後的內容，製造伏筆

圖表 3-12　只用必要的資訊，就能說一個完整的故事

　　當然，以上的教學並不是正統的「寫作訓練」，這個思考方法只適用於篇幅較短、觀眾注意力有限的使用情境中（例如社群媒體貼文），也要避免矯枉過正，將過多資訊濃縮成短短幾行字，反而失去文案的完整性。

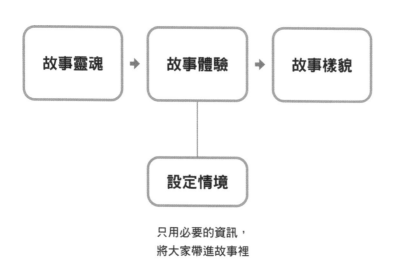

圖表 3-13　故事體驗設計（續）：設定情境

3-5 情緒渲染──善用「張力」說故事

　　請大家看看圖表 3-14，如果你看過不少電影，對這個快要掉下懸崖的場景應該不陌生吧！請一邊看著這張圖，一邊想想：為什麼一直以來，類似的場景經常出現在動作、冒險電影中呢？

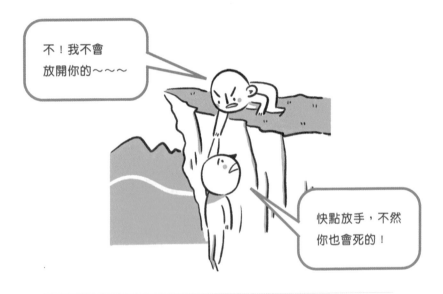

圖表 3-14　冒險故事中的常見場景

相信各位腦中的印象可能是：「因為這個場景很刺激。」「不知道上面的人會不會放手。」「感覺好像要發生不得了的事了，是整個劇情中的大反轉呢。」

這個場景，其實說明了我們的大腦非常享受戲劇中的不確定性，並且極度渴望知道後續。因為光看這張圖，你無法得知結果究竟是兩人獲救、一起掉下去，還是只有其中一個人墜崖呢？

這種「好想趕快知道後續」「快要憋不住了」、讓人說不清楚卻上癮的感覺，就叫做「故事張力」。

以故事張力的角度出發，我們接著再想像如圖表 3-15 的情境：

兩人坐著愉快談話，但桌子底下有顆炸彈

圖表 3-15 故事張力練習

今天，假設我們要將這個情境拍成一部小短片，你會怎麼安排分鏡呢？如果是一般的想法，應該會像圖表 3-16 這樣：

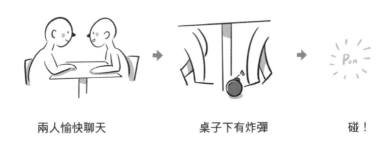

兩人愉快聊天　　　　　桌子下有炸彈　　　　碰！

圖表 3-16　故事張力練習（續）：一般的分鏡安排

這種方式確實可以非常簡單就交代了劇情，但如果我們試著將故事張力放進情境裡，就能傳達出更讓人感到好奇、想一探究竟的故事（參見圖表 3-17）：

「糟糕，炸彈會不會爆炸呢？這兩個人怎麼還這麼若無其事地聊著天？接下來該怎麼辦……」

能讓觀眾產生這樣的感覺就對了。只要運用故事張力，就能讓觀眾渴望經歷故事發生的當下；以及雖然能預知

桌子下有炸彈　　　　　兩人愉快聊天

圖表 3-17　故事張力練習（續）：將張力加入情境中

一小部分的情節，又能長久保持好奇心。

　　當然，經營品牌社群時，不是每天都會有「炸彈」和「懸崖」這麼刺激的故事可說，但故事張力一樣能套用在你的貼文裡，也就是別在第一時間就把所有精采、有趣的資訊倒給觀眾。適當地保持神祕感，一次只釋出一個爆點，讓觀眾能細水長流地享受你說的故事。

　　結論：故事體驗就是帶出人們不同面向的感情，再將它連結至你的品牌中，留下深刻記憶。

3-6 形塑故事的模樣──故事樣貌

「試著說一個故事吧。」

當有人這樣要求你的時候，你腦中想必一片空白吧。那麼，如果我們為這個要求附加一些條件：

「回想你一生中發生過最有趣的事，並試著把這個故事拍成一段三分鐘的小短片。」

腦中有一些想法了嗎？就算不完整也沒關係，先請聽我聊聊第一句話的由來。

我大學念的是動畫系，系上的教授大有來頭：迪士尼的前動畫導演。我永遠記得動畫課的第一堂，站在講臺上的他對著同學們說了最前面的這段話：

「試著說一個故事吧。」教授說，「接下來這個學期，我們就來把這個故事做成一篇動畫。」

同學們一陣交頭接耳後，教授請同學舉手分享自己想到的故事。動畫系有一個特色，就是我們之中九〇％以上的學生都是動漫迷，所以大家舉手後說出的故事幾乎都是：

「從前有一個精靈王國，從小失去雙親的主角被精靈

王驅逐，之後⋯⋯」

「有位勇者誕生在農村裡，從小就立誓長大後要討伐住在魔王城裡的妖怪，於是⋯⋯」

教授聽完這些故事後皺起眉頭，深吸了一口氣，對我們說：

「說到『講故事』這件事，你們都太貪心了！」

其實，並不是這些故事內容不夠有趣，而是篇幅實在太長、太長了。我們發想故事時有個前提，就是學期結束前，要一個人做出這部動畫。以手繪動畫的工作時間來看，一個人在這麼短的時間內，頂多能做出一到兩分鐘的作品（就很厲害了）；觀看時間這麼短的作品，怎麼可能塞進這麼龐大的資訊呢？

講到「想故事」和「說故事」，誰不希望自己能想出像《哈利波特》這樣史詩般的長篇劇情？但即使是這麼偉大的故事，也不可能全部塞進一分鐘的動畫裡，讓人在短短六十秒內感受到所有的情緒吧！

「故事」是「事件」的集合，擁有講好一個事件的能力，才能講好一連串的事件，形成一個故事。

社群創作和貼文也一樣，在我們對說故事的期待中，往往忽略了現實因素：

- **自身說故事的能力**：能說好一個事件，才能說好包含好幾個事件的故事。
- **故事載體的長度**：社群媒體的貼文、影片長度都是有限的。
- **觀眾的耐心**：資訊過多的年代，每個人能分配給你的注意力並不多。

所以，我們可以試著以「一次說好一件事」為目標來說故事（參見圖表 3-18）。

你還記得我在本章第三節談到「故事體驗」時，提到幫客人求婚的故事嗎？

如果要你和朋友分享這則故事，你會怎麼表達呢？

按照順序或喜好條列出整篇故事中的重點是一種很好的方法，但是千萬別像流水帳般說出來。在社群平臺有限的篇幅中，你可以試著精簡事件，再好好地將它們說完（參見圖表 3-19）：

與其說這些……

> ● 品牌成長故事
> ● 包括各種前因後果的故事
> ● 先是發生了什麼，然後開始回憶什麼

> ● 一場音樂演出
> ● 一個悠閒的下午
> ● 做出一件東西的過程

更容易引起共鳴！

圖表 3-18　練習「一次說好一件事」

舊方法：條列情節	新方法：精簡敘述
1. 人物交談 2. 男子向畫家自我介紹 3. 男子請畫家幫自己求婚 4. 兩人暫別 5. 晚上擺攤時再見 6. 畫家若無其事地畫圖 7. 製造驚喜 8. 浪漫求婚過程	1. 畫家在情侶面前畫出婚紗照 2. 女方驚訝，上演浪漫求婚 （視情況說明前因）

圖表 3-19　與其說成流水帳，不如精簡敘述

最後，我在社群上呈現這則故事的樣貌就像圖表 3-20
這樣：

① 男女一起來攤位

② 與畫家聊天畫圖

③ 女生發現異狀

④ 浪漫求婚

圖表 3-20　求婚故事的精簡敘述

所以，不管你要以什麼形式在社群上說故事——純文字、照片、插畫、短影片、長影片、音檔⋯⋯請記得，一次講好一件事就好。

剛起步的創作者常常無法捨棄不必要的元素，急著在一則創作裡放進自己的日常、生活中的奇思妙想、昨天吃的晚餐、自己養的貓⋯⋯最後卻無法將創作本身講好。或者在創作形式上過於發散，因為太想把生活中的一切都放進創作中，反而讓「斜槓」這個優點變成觀眾眼中的「看不懂他究竟想做什麼」。

舉個例子，麥肯錫是全球最大的企管顧問公司。有一次，他們剛與一家大客戶進行完業務諮詢，專案負責人與客戶公司的董事長正好在電梯中相遇，董事長便問：「剛才諮詢的結果怎麼樣？」

因為提問來得太臨時，慌張的負責人沒能在短短的時間內將結果說清楚，麥肯錫就這樣錯失了一個大案子。

在那之後，麥肯錫要求所有員工學會「電梯演說」，也就是在搭電梯的三十秒內，將任何想說的事情都說清楚；在談話中開門見山，讓每位聆聽者都能在最短的時間內理解你想表達的事情，而這也是職場上普遍使用的溝通法則。

你的故事在社群中與觀眾們相遇的時間，就像這三十

秒的電梯時光，有時甚至更短。怎麼在短時間內打動對方呢？你可以參考賈伯斯在新品發表會上的做法：他從一只裝公文用的黃色紙袋中抽出最新推出的 MacBook Air，劈頭就說：「這是世界上最薄的電腦。」

　　社群變化快速、每個人的時間有限，把所有你想說的話去蕪存菁、盡可能簡化敘事，讓本來晦澀難懂，或不容易受到關注的議題呈現出來，然後放心地將自己的故事交給觀眾吧！

　　結論：說故事時，除了最重要的訊息，請盡量捨棄不必要的其他元素。

第 4 章

為什麼我的社群都做不起來？
——社群經營設計

我看那個明星用這個角度自拍，一張照片就得
到破萬個讚耶。

好像不是每個人都能做這同樣的事呢……

説到社群經營，對於未帶有目的性的多數經營者來說，是一件既熟悉又陌生的事情。

　　打卡、留言、po 照片，都是我們在日常生活中很可能經歷過的社群體驗，但如何經營卻是另一回事。

　　「經營社群」與「使用社群」，就像會「會説中文」和「會教中文」一樣不同。但反過來説，正在閱讀這本書的你應該也有使用社群媒體的經驗，不管依賴程度是深是淺，至少都已體驗過「使用者」的心情。雖然有可能還沒學會如何妥善經營社群，不過在經營的途中，你都可以用「如果我是使用者，我會覺得……」來思考未來的每一步。

4-1 從「使用情境」認識社群的內容思維

　　這一章，我將會分享如何一步步經營你的社群媒體，並以「轉向商業化」為目標進行。

　　首先，先不管你是否已為自己的興趣（創作）創立了社群媒體，我想問：你對「經營社群」的想像是什麼？

圖表 4-1　你對「經營社群」的想像是什麼？

　　當成作品集，有圖就丟上去？

　　並沒有想要特別認真經營，總之先創個帳號就可以了？

　　每天都要拚命更新，追蹤破萬以後，合作信就會如雪

片般寄來？

許多公司、品牌談到行銷規畫時，經常出現一種想法：「聽說年輕人都在用〇〇，那我們公司也來弄一個吧！」

只是「為了做而做」「為了跟上潮流而做」的這種心態，往往會導致失敗，就像《孫子兵法》中說的：「知彼知己，百戰不殆；不知彼而知己，一勝一負；不知彼，不知己，每戰必敗。」

了解自己以外，也得了解對手。如果連自己都對要經營的平臺一知半解，就很有可能導致為了做而做、成效不見起色的後果。

接下來，請大家一起做一個小練習。請看看圖表 4-2 裡的四張小圖，分別是：Instagram、書本、影片、Podcast。

你能說出它們的共通點嗎？

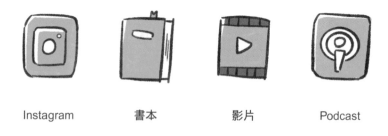

| Instagram | 書本 | 影片 | Podcast |

圖表 4-2　四種不同的媒體

答案是「都能傳遞資訊」。

那麼做為傳遞資訊的工具，它們之間又有什麼不同呢？

……想不到也沒有關係，我們換個例子試試看。請看圖表4-3：馬克杯、玻璃杯、竹杯、外帶杯，從功能上來看，這四種杯子都是裝盛液體的容器，你能說出它們之間除了材質之外，還有什麼不同的地方嗎？

| 馬克杯 | 玻璃杯 | 竹杯 | 外帶杯 |

圖表 4-3　日常生活中四種不同的容器

沒錯，就是「使用情境」——它們適合盛裝的飲料、適用的場合都不一樣。

舉例來說，外帶杯因為可封口的特性，能讓顧客拿著咖啡行走，而不至於潑灑出來；玻璃杯能襯托出飲品沁人心脾的特色，但不適合拿在路上邊走邊喝。

社群媒體就像這些擁有不同特性的杯子，你的創作則是裝在其中供人取用的飲料（參見圖表 4-4）。如果每一種飲料都有最適合的杯子，那麼同一種內容，怎麼可能適合所有媒介呢？

圖表 4-4　媒介與內容需要互相搭配

現在我們再回到第一個例子，看看這四種不同的媒體：Instagram、書本、影片、Podcast。在這邊，我會簡單介紹這些媒介的使用情境與特性。

Instagram（圖片＋影片）：以圖片貼文為主，閱讀的情境通常是滑到什麼看什麼。使用者會看到的內容具有高度的主題相似性，不管是美術、旅遊、動物、網美網帥，演算法會依據你過往瀏覽的主題推播相同的內容給你，這點也與 Facebook 類似。另外值得一提的，是大家熟悉的限時動態，這是一個能拉近朋友與朋友、品牌與消費者之間距離的功能，即時性高、能創造與觀眾的互動，也能讓觀眾觀看品牌中更真實的內容。

Facebook（圖片＋文字＋影片）：瀏覽情境和 Instagram 類似，都是由上而下瀏覽一個一個被推薦的內容（又稱為瀑布流）；但訊息媒介從文字、圖片，到影片都有，也能同時看到自產內容與被分享的內容。此外，這幾年隨著演算法不斷修改，廣告成本也跟著上升。

書本（文字）：和社群媒體比較起來，可以乘載非常非常大量的資訊，使用者的使用情境也相當專注，一次只會閱讀一本書（除非是為了找資料，否則一般人不太會同時在桌上一次翻開五、六本書，對吧？），但能夠深入傳達資訊，這是和網路社群媒體最大的不同處。

YouTube（影片）：影片是個娛樂性較高的媒介，和圖片、照片比起來，也能占據人們更多時間；雖然製作成本

高，但觀眾投射的專注力與時間也比較高。這幾年因應大家的使用習慣與廣告需求，影片變得越來越長，因此影片創作中還有「上字幕」的需求；如果你選擇的社群媒體通常是在隨意的情境下使用，最好統統上字幕。舉例來說，使用者可能在等捷運、上廁所這種零碎片段滑到你的影片，如果內容充滿大量的對白卻沒有字幕，就很容易略過不看。

Podcast（音檔）：與影片、圖片、文字不同，音檔是唯一一個非視覺的資訊媒介，這樣看起來，音檔似乎是個特別的載體。雖然能乘載的資訊量大，也能占用使用者較多的專注力，但不容易翻找資訊；比如我實在很難找到去年聽過某一集節目的精采片段並分享給朋友，不過這一點也可以靠標題與資訊欄中的文字來彌補。

絕大部分（除了語言學習類）的 Podcast 節目，都是以背景形式存在於使用者的生活中，比如在做家事、運動、通勤時順便聆聽。你可能會花一個下午坐在沙發上讀一本書，但不太會有人花整個下午的時間，坐在沙發上聽兩、三集 Podcast（參見圖表 4-5）。

Instagram

可隨意
滑動圖片及版面

書本

需要專注閱讀，
內容含量極豐富

影片

需要專注觀看，
開頭 5 秒最重要

Podcast

背景音樂，資訊含量極大，
但不易翻閱

圖表 4-5　媒介不同，使用的情境也不同

　　這邊不會完整分析市面上所有的社群媒體，因為這可能要用一整本書的篇幅來介紹才夠；而且每種主流社群媒體，也幾乎都已有相應的書籍和網站做專門介紹。前面我們已經分別介紹了「紙本」「圖片」「影片」「音檔」這幾種主要資訊載體，往後選擇經營不同的社群媒體時，你就能以類似的方式思考身為使用者與創作者的情境。

　　這也就是為什麼會有人說，自己的 Facebook 明明經營得有聲有色，卻完全搞不懂該怎麼經營 Instagram，或是也有反過來的例子，因為同一套內容真的無法對應於所有的社群。

當你有了自己的創作、決定經營社群媒體時，第一步就是挑選適合你、你也足夠了解的社群來經營，並好好研究這個社群的使用情境，再設計出對應的內容。

　　比如從尺寸來看，Facebook 依照不同圖片的長寬，會有相應的排版方式；Instagram 則是只適合正方形、橫向與直向（官方資料中都能找到對應尺寸）的圖片。

　　從內容來看，思考 Instagram 貼文的主題時，只能預設觀眾會花三十秒至一分鐘在你的貼文上（這還是比較好的情況），因此置入的內容量必須多加斟酌。當你思考一則三十分鐘的影片企畫時，能夠／必須放進的資訊量必然會與 Instagram 貼文不同。

　　為什麼使用情境這麼重要？舉例來說，就像有些很棒的小說、漫畫，改編成電影後，反倒變成一場災難。這不是作品本身的問題，而是影片與紙本是兩種不一樣的媒介，適合呈現的邏輯也完全不同。例如在小說裡能以文字寫出的心境，在電影裡如果據實拍攝出來，有時反而會破壞原作的美感。

　　請務必牢記：每個媒介都有不同的使用情境。

　　不過，這一章的內容絕對不是鼓勵你「經營一大堆社群媒體」，而是先挑選一到兩個適合自己的自媒體深耕經

營，心有餘力後再摸索其他平臺。

另外，經營社群也可以從長遠來看。

以發文時間來說，大家總是糾結該在幾點幾分或星期幾發文效益最好，希望能找到某個「黃金發文時間」——雖然以經驗來說，的確有相對更好的發文時間沒錯。部分創作者喜歡在週五、週六晚間發文；有些人則會避開大家集中發文的時間，選擇在平日下午。

但比起找到最適合的「幾點幾分」，不如穩定地在與粉絲約定好的時間貼文，讓大家熟悉這個時段，並開始每週期待你的創作內容，這樣的「黃金發文時間」才有意義。

在經營社群一陣子後，你會發現，自己的觀眾裡既有老粉絲，也有新粉絲，這時候你可能會開始思考：「我的貼文應該先考慮哪些人？」

「有看我 IG 的人都會知道⋯⋯」
「上次的○○挑戰失敗後，這次我決定⋯⋯」
「說到 ○○（內梗），就不得不提⋯⋯」

儘管中小型社群往往會將所有人預設成舊粉絲，但別

在創作中忽略了初來乍到、剛參與你創作歷程的新粉絲。

另外講到社群經營時，個人簡介也相當重要：

圖表 4-6　社群的個人簡介範例

如圖表 4-6 所示，不管你使用的社群媒體是哪一種，你的個人簡介（有可能叫頻道介紹或節目介紹或其他）都是非常重要的，不只是向第一次點進來的觀眾介紹你自己，更重要的是告訴潛在的合作對象：你可以提供怎樣的合作，以及如何與你聯繫。

你可以在個人簡介區附上自己的電子信箱——我強烈推薦使用電子信箱來接收所有合作邀約。以訊息邀約時，雙方經常想到什麼就寫什麼，溝通品質與資訊呈現不如信件來

得好。除非已進入確認合作的階段，或是確定合作前有資訊需要密切聯繫，否則與任何廠商、業主的連絡，都還是以信件為佳；除了能讓溝通更順利，也能完整保存討論過程的所有資訊，日後倘若產生紛爭，才能保障自己的權益（即時通訊軟體有收回訊息的功能，合作洽談中務必小心使用）。

圖表 4-7　比起私訊邀約，信件邀約的資訊更清楚

如果你提供的服務是直接面對顧客的話，由於便利性還是最重要的，因此就不在上述限制中；不過若能提供一份完整的表格給顧客填寫，也能讓你在販售過程溝通得更順利。

　　例如提供的是「繪製人像的服務」，就可以在表單或訊息中提供完整的表格讓顧客填寫，包括：訂購姓名、繪製人數、作品大小、收件地址、特殊需求等。

　　另外，除了被動等待收信，如果你心裡有非常希望合作的對象，也可以主動出擊，自己寄信詢問，完全沒問題（我人生中第一個業配、第一次辦展和第一次與大品牌聯名推出周邊，都是這樣得到的）！

　　只不過，我們都害怕自己收到莫名其妙的合作邀約信，當然也要小心不要讓自己的信變成那樣。為了確保這一件，在信件中有幾個要注意的小地方，如圖表 4-8 所示：

圖表 4-8　寄信主動洽談合作時，應注意的事項

用故事體驗設計來思考文案

　　請各位回想一下圖表 3-4 告訴大家的「故事體驗設計三要素」，設計一篇貼文時，我們可以試著在故事體驗設計中加入以下三項要素：

一、快速抓住眼球的元素

二、符合核心價值的故事敘述

三、行動呼籲

　　換句話說，就像蓋房子一樣，透過上一章「故事體驗設計」的觀念，以「架構」的眼光從頭到尾設計一篇貼文，而這邊我也提供一則範例，告訴大家如何將這個架構實際運用在社群貼文上（參見圖表 4-9、4-10）。

圖表 4-9　用「故事體驗設計」的概念來構思貼文

社群新手／阿白

你知道，一套中文字體要花多久時間製作嗎？答：2～3年，至少需要設計13000個字。

一項創作背後需要花費多大的隱形成本，身為創作者，我完全能感同身受。不論是電影、舞蹈、畫作，或是一套字體，都是一群人默默奉獻的結果。

謝謝 @justfont 對臺灣設計領域的貢獻。

故事樣貌

讓大家猜，中文字體要多少時間來設計？

故事體驗

敘述中文字體的製作不易

故事靈魂

介紹 justfont 這個組織

圖表 4-10　以「故事體驗設計」解析社群貼文範例

最後，這裡再提出一個創作者的大哉問：「在社群上，文字是不是要越短越好？長文案還有人會看嗎？」

這個問題依照使用的社群媒體不同，答案也不一樣；而短文案與長文案在社群上也有各自不同的功能：

文案類型	特色	條件
短文案	· 夠吸睛 · 較偏向不喜歡閱讀的族群	· 文字以外的內容要夠豐富 · 文案的爆點要夠
長文案	· 訊息豐富 · 可營造情感、氣氛 · 提供閱讀樂趣	· 文字所含的訊息要足夠

圖表 4-11　長文案與短文案的比較

　　不過，如果你是文字相關創作者，尤其是散文、時事評論等等需要長篇幅書寫的內容，Medium、臉書、Instagram 等媒體都可以嘗試。只要分段妥當、內容精采，在對的平臺上，就算是如同小說章節一樣長的文案，也行得通。

　　結論：每個章節、每個文字都是有存在意義的。

4-2 切入點思維
──別讓你的版面變成內容農場！

　　設計內容時，我們常會擔心：「這個題材別人已經講過了，還有人要聽我講嗎？」

　　這時候，我們可以思考一下：社群創作者中，有種類型叫做「知識型創作者」，也就是將生硬的知識講解成有趣內容的創作者。

　　但認真想想就知道了，知識型創作者所做的內容，不管是冷知識、講古、語言、說書、科普、電影解析……其實大多都能在網路上或文獻中找到。這樣說來，只要我們有心鑽研的話，根本不必透過這些創作者，也能獲得知識，為什麼這種類型的創作者依然有自己的一片天呢？

　　這是因為大家想看的並不完全是內容，而是「你怎麼講這些內容」；而「你怎麼講這些內容」也就是這一節想說的「切入點」。

　　換句話說，切入點就是你表達這些資訊的方式，有可能是幽默的、深度的、知性的……甚至是激動的。一切生硬的資訊都必須透過特別的切入點，才能變成有趣、好消化的

模樣，送進觀眾口中。而我們做為創作者，所扮演的就是「中間轉換」的角色。如果創作中完全沒有獨特的切入點，只有冷冰冰、徒有空殼的資訊，你的社群就會變得和網路上氾濫的內容農場沒有兩樣（參見圖表 4-12）。

資訊　　　　　特別的切入點

輕鬆／幽默／負能量……

圖表 4-12　有自己的切入點，才能讓社群與眾不同

那麼，我來舉個例子，讓大家更容易明白切入點的巧妙吧！

以前面創作者「介紹中文字體由來」的貼文為例（參見圖表 4-10），切入點須涵蓋的要素包括：

一、提出事件中的角色

二、角色會遇到的問題

三、探討問題（切入點）

　　這篇貼文想傳達的重點（也就是廠商的要求）是：中文字體的製作過程很辛苦，希望大家可以多多支持正版字體。

　　如圖表 4-13 所示，在思考這則貼文的切入點之前，我們可以就「設計中文字體」這項重點提出兩個角色：字體設計師與使用者。

苦惱的字體設計師　　　　使用字體的一般民眾

先思考他們會遇到什麼問題
再由此發展出問題的切入點

圖表 4-13　提出事件中的角色，再思考問題及切入點

有了這兩個角色後，我們就可以進行換位思考，看看這兩個角色會有什麼問題。比如：

字體設計師：「設計這種字體要多久時間？」「要多少設計師成立團隊一起製作？」「這種字體背後有什麼樣的故事？」

使用字體的一般民眾：「我為什麼要購買正版字體？」「街道上的招牌是什麼字體？」

有了這些問題後，就能發展出不同的切入點，例如：

「設計這種字體要多久時間？」：讓觀眾猜猜看，設計一套字體要耗費多少時間。

「要多少設計師成立團隊一起製作？」：介紹字體設計師的工作內容、一天的工作分配等，比如一位設計師要花多久找靈感、要怎樣調整字體的一筆一畫。

「這種字體背後有什麼樣的故事？」：說出一種字體背後有趣的故事，比如：歌德體是印刷機發明人——古騰堡為了模仿古代手抄員的筆畫而發明的字體。

「我為什麼要購買正版字體？」：向觀眾介紹一起因盜版字體而引發訴訟的事件。

「街道上的招牌是什麼字體？」：介紹知名品牌或店家的招牌上分別使用什麼字體。

光是討論「中文字體的設計」，就能延伸出無窮無盡的問題。同一件事讓一百位創作者來講，就能產生一百種不同的風貌。

角色	會遇到的問題	切入點
苦惱的字體設計師	設計這種字體需要多少時間？	請觀眾猜猜設計一套字體需要花費多少時間
	要多少設計師一起製作？	介紹字體設計師的工作內容與分工
	字體背後的故事？	介紹字體背後有趣的故事
使用字體的一般民眾	我為什麼要購買正版字體？	介紹盜版字體的過往事件
	街道上的招牌是什麼字體？	介紹有名店家招牌上的字體

圖表 4-14　以「中文字體創作」為例思考切入點

有一句話是這麼說的：同一個故事，由不同角度看，就是一個全新的故事。首先在想討論的事情中舉出不同的角色，角色們就能各自衍生出不同的問題，也就能從問題中找到自己的切入點。

　　再舉一個例子，這是我在進行社群創作時接到的業配合作。這家廠商是臺灣本土的兩性玩具品牌，希望我推廣他們最新推出的潤滑液。

　　不過考慮到我過去的創作中較少提及兩性話題，為了讓觀眾更容易接受，我決定不以開門見山的方式介紹這瓶潤滑液的功效、使用方式，而是以剛才的幾項要素思考：

事件：使用潤滑液
一、提出事件中的角色：性伴侶雙方。
二、角色會遇到的問題：房事總是無法順利進行、不敢與另一半溝通、性生活沒有樂趣。
三、探討問題（切入點）：從女性的角度闡述遇到的困難，例如：不敢說出自己在性事中感到疼痛，只能默默隱忍。

　　最後依照切入點創作的成品如圖表 4-15 所示，從實用、解決問題的角度，介紹第一眼可能讓人感到害羞的潤滑

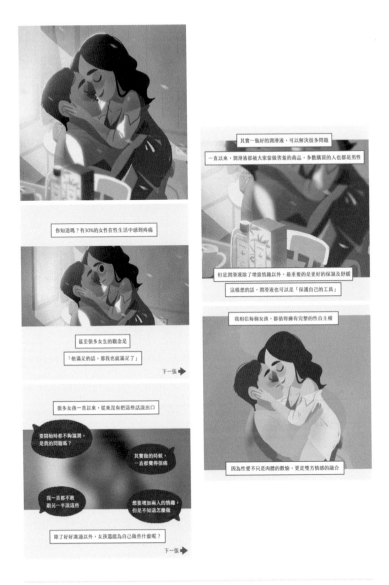

圖表 4-15　配合切入點所創作的成品範例

產品。

最後我以「每個女孩都可以為了自己做準備，每個男孩也都應該為了對方而準備」為結論，將「快去購買」的行動呼籲設定得更貼近大家的需求，也就更容易讓人產生共鳴。

在這個切入點下，得到了許多觀眾的正面回饋：

「看業配文看到眼眶泛淚，謝謝李白帶給我們的體貼。」

「第一次看到完全不會覺得臉紅心跳（？）的業配文。」

「在開心的過程當中，保護自己真的是很重要的一件事情。」

「說得很好，我經常在發生關係時感到疼痛，希望自己的男伴能更溫柔體貼些，潤滑液真的超重要的！不夠濕潤很容易受傷，受傷就很容易感染，常常不夠濕，就會很容易常常受傷感染。」

掌握適合自己的切入點後，就不用害怕想做的題材已經有人做過，或擔心講述的主題太冷門、不夠吸睛。

重點是透過正確的切入點轉譯後，讓觀眾發現「這件事和我有關」。

4-3 社群版面——讓人一眼就懂你

很多人經營社群時，會花太多時間著墨於版面的拼貼，想辦法用好幾篇貼文做出漂亮的九宮格，又擔心下一篇文章會打亂整個版面的調性，因此決定一次貼三篇，或者乾脆不 po 文了。

但是我認為，比起拼出美麗的九宮格、三宮格，更重要的是如何讓人一眼看出「這個帳號在做什麼」，也就是要追求的應該是一致性，讓每篇貼文都有相互對應和一致的巧思就好。

這並不是說讓版面漂亮沒有用，但「版面漂亮」應該是加分選項，而不是綁架你產出內容的束縛。

請各位看看圖表 4-16 到 4-19，你能一眼看出這些帳號的主題嗎？

相信大家一眼就能看出來，圖表 4-16 是一位刺青師的作品帳號；圖表 4-17 則能看出是在相同場地拍攝的活動照片，再細看照片中的內容就能知道，這是一個專門舉辦週末市集的品牌帳號。

圖表 4-18 是我的帳號，由於圖像很明顯，第一眼就能

知道是插畫帳號；再細看圖內文字，就能找到大多數貼文的共通點：第一句話總會提到我今天見了哪個陌生人，讓不認識我、第一次觀看的觀眾能在五秒內馬上知道「這位作者會寫下不同人們的故事」。

圖表 4-19 則能看出這是個資訊整理型的帳號。細看則會發現，每篇貼文都會提到「職場」「工作」相關的話題，稍微滑動一下，就能看出這個帳號專門介紹「職場中的大小事」。

此外，不管在任何平臺，個人簡介或自我介紹欄都是相當重要的。你可以把這個空間當成自己的門面，同時也必須讓觀眾與潛在的合作對象能快速理解你在做什麼。

自我介紹欄要達成的任務有兩項：一、向所有觀眾進行行動呼籲；二、向陌生觀眾快速介紹自己。

以我在 Instagram 的自我介紹欄為例：

我是李白，一個收集故事的畫家。

購買周邊／訂畫／預約／購書／贊助街頭故事

官網連結：portaly.cc ／ baileestory

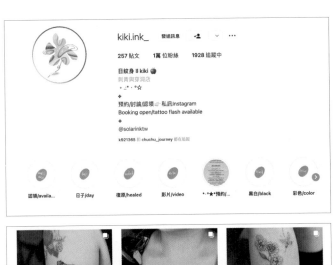

圖表 4-16　日紋身 ‖ kiki（＠ kiki.ink_）© 日紋身 ‖ kiki

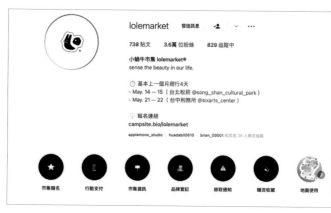

圖表 4-17　小蝸牛市集 lolemarket®（＠lolemarket）
　　　　　© 小蝸牛市集 lolemarket®

圖表 4-18　街頭故事（@ bailee_story）

圖表 4-19　BetweenGos 職場風格誌（@ betweengos）
　　　　　© BetweenGos 職場風格誌

在第一行文字，我選擇用類似標語的一句話介紹自己的品牌，第二行則是行動呼籲，可能是希望大家進行點擊、觀看或購買，以及提供給觀眾的各種服務；最後我附上自己的官網，讓觀眾可以進行延伸閱讀及選購。

另外，設計貼文的時候，也適用「一眼就要看出來」的原則。

和大家玩個小遊戲吧，你能在圖表 4-20 中找出任何一項認得的物品嗎？如果可以，你能說出這項物品出自於哪一部電影嗎？

為什麼我們看到「這個」，就能想起「那個」？

圖表 4-20　幾項著名電影中的代表物品

好的，答案揭曉：

- 光劍：《星際大戰》系列
- 金探子：《哈利波特》
- 玻璃罩裡的玫瑰：《美女與野獸》

　　沒猜出來也沒關係，總之各位要知道的是，在一部讓人印象深刻的作品中，那些經典的道具、橋段、場景往往都是經過刻意設計的。比如提起《樂來樂愛你》，大家腦中最先浮現的，多半就是這部電影的主視覺：天將亮的公園裡，男女主角兩人在魔幻天色相映下翩翩起舞的畫面。

　　再舉一個例子，無論是動畫片或超級英雄電影，片中總會出現一、兩個可愛的動物角色或吉祥物，除了劇情需求外，也有部分原因是為了方便販賣周邊商品而設計；因此在設計時，也會考慮這個角色是否容易做成玩具、公仔，以及造型對目標族群而言是否夠有記憶點。

　　經營社群也一樣，當我設計一則多圖貼文時，會刻意放進一、兩個「專門用來讓觀眾分享出去的畫面」。這格畫面必須能讓人想拿來與自己的朋友討論，或能產生強烈的認同感，讓觀眾覺得這張圖片、這段文字就是「我想被人看見的樣子」。這邊的心法可以參考下一節會提到的「手機殼理論」。

　　在經營 Instagram 時，有個小方法能驗證自己的做法是

否正確，那就是觀察在一篇貼文中，「哪一格」畫面最常被觀眾轉發到自己的限時動態；至於在其他社群平臺中，也可以間接觀察大家對哪格畫面、哪個片段所提到的事情討論得最熱烈（參見圖表4-21）。

　　觀察一陣子後，你就能在這幾個經典畫面中得出最大公因數，而這也就是我們在下一節要討論的內容。

以IG為例：
觀察大家分享
「哪一格」畫面
↓
反過來設計那個
「會被分享的畫面」

圖表 4-21　用「經典」思維來設計貼文的畫面

4-4 我該買廣告嗎？──手機殼理論

　　從零開始經營社群時，大家都會冒出同一個問題：如果不下重本買廣告，我的粉專是不是就經營不起來？

　　這時候，先讓我們問第二個問題：經營社群時，下廣告有用嗎？

　　答案是：如果你的策略正確，下廣告當然很有用。但下廣告的具體方式必須依不同社群平臺在不同時期的演算法而定；本節將針對還沒有預算穩定投放廣告的創作者，聚焦在無廣告的前提下，如何讓別人看見自己的小粉專。

　　以我的 IG 追蹤人數從零到十幾萬舉例，我只有在經營前期抱著嘗試心態投了幾次一百、兩百元的廣告，總金額加起來可能還買不起一件牛仔褲；但從我被看見的快速成長期（從六千人到七萬人的兩個月內）到現在，我幾乎沒有用過廣告功能，只有在推出預購產品時，會與廠商一起投放一陣子的廣告；換言之，廣告並不是我的社群被看見的原因。當然，用我的故事舉例，只是想告訴大家：經營社群時，手上有錢確實很好辦事，但沒錢也有沒錢的玩法。

　　假如你的品牌有特定的活動／產品需要推廣，例如販

賣衣服、開放插畫課程……那麼你完全可以將廣告預算當做成本，擬定好策略後投放，並定期查看成效。

假如你像以前的我一樣，是名素人創作者，手上並沒有太多預算，只是希望能有多一點人看見自己的創作……就像前面所說的一樣，沒錢也有沒錢的玩法，那就是讓你的觀眾自願「幫你打廣告」，也就是靠內容取勝，使觀眾自動自發地與你的內容互動，並將內容分享到自己的生活圈。

通常講到這邊，大家又會容易落入第三章〈如何說故事〉一節提到的「無效溝通陷阱」，覺得所謂的「靠內容取勝」，就是將產品做到最好看、把照片的每一處修得天衣無縫……事實上，說到社群上的分享，並不是單純比誰的東西更漂亮，而是比誰更能得到認同感。

舉一個比較好懂的例子：手機殼。

你可以想像一下，自己在手機配件店看上了兩到三款不同的手機殼。假設它們的防摔能力和其他功能差異都不大，這時候，你選擇的標準會是什麼呢？

「最好看的那一個。」

你可能會下意識這麼想，但其實你心中真正的答案是：「最能代表我的那一個。」這個選擇可能是素色的、以線條

為主要構圖的，也可能是有豔麗的花紋或卡通人物。不管是哪一個，我們用來做出這個選擇的標準，其實經常偏離認知上的「好看」。

手機殼是一個在日常生活中經常被其他人看見的物品，比起精緻漂亮，人們更傾向選擇能代表自己的款式。以我來說，雖然我喜歡呆萌可愛的插畫角色，但在選擇手機殼及配件時，卻會往往避開這些樣式，反而選擇素色、造型簡單的殼，因為這更像「我想讓別人看見自己的樣子」。

每個人的社群媒體就像平常露面示人的手機殼。做為個人使用的社群，人們分享內容時所想的，並不是分享「世界上最棒的東西」，而是「我想讓別人看到的內容」。

例如，我想分享一則手寫字語錄，是因為我希望別人知道我是這樣的人。

或者我想分享一篇關於 LGBTQ 的懶人包，因為懶人包裡的內容，就是我平常希望別人能知道的。

之所以決定分享一篇圖文到限時動態，是因為它是我想展現的內容，所以我並不會在意這張圖片的線條、塗色是不是夠完美，而這也不會影響到我的決定。反過來，一篇讓我完全沒有興趣的貼文，即使裡面的照片拍得再漂亮，也不會改變結果。

想通這件事後，我們再回頭聊聊「讓觀眾幫你打廣告」這個話題。以下舉出我在這些年的觀察中，發現比較容易被主動分享的貼文元素，也就是最大公因數：

- 療癒／新奇的影片及圖片
- 實用的生活資訊
- 煽動的新聞
- 語錄
- 星座／占卜／任何形式的測驗結果
- 優惠及抽獎活動

上面除了最後一項「優惠及抽獎活動」以外，都符合「想展現給別人看」的思考方式。所以了解手機殼理論後，日後我們在製作內容時，就可以反過來設計「能讓觀眾產生認同感，還願意展現給別人看」的內容。

不過裡頭有個例外，就是抽獎文。

藉由抽獎文的規則，可以有效要求觀眾「幫你分享貼文」，甚至規定想參加抽獎，就必須追蹤特定的帳號。尤其是大家看到抽 iPhone、電視、機車這類高價商品時，會更加為之瘋狂。只是撇開專門用來抽獎的假帳號不說，由於被商

品吸引來的人潮，並不是真正被你創作的內容吸引，參加完抽獎後，這些人還常常連自己追蹤了什麼都說不出來。這些觀眾在日後能否轉換成自己的忠實粉絲，就又是另一回事。

當然，並不是說所有抽獎文都不可行，如果獎品內容能與你的社群產生關聯，還是有機會帶來正面的效益。

最後要講一件大家好奇的事：如果我被大咖的帳號分享、推薦，就代表追蹤數能直線起飛嗎？

答案是不一定。

我曾幫忙分享朋友的粉專貼文，讓對方的粉專在一夜之間多了四千多名粉絲、追蹤直接破萬；但在同樣的狀況下，也曾發生分享貼文後，對方的粉絲數絲毫不變的例子。

所以，社群本身的貼文還是要有一定的品質跟明確受眾，讓被導流過來的觀眾產生興趣，不然即使被有十萬、二十萬，甚至近百萬粉絲的社群分享，發生在你身上的增粉效益仍然不會太大。

結論：你可以把「被分享」這件事當成調味料，如果食材本來就新鮮，被分享就會有加成的效果；但食材不新鮮的話，就算加再多調味料，也不會有很大的幫助。

4-5 總複習
——解析一篇貼文背後的「故事思維」

　　說到這邊,讓我們一起從無到有設計一篇貼文吧。接下來會以我在 Instagram 的貼文來舉例。

　　開始之前,我們再複習一次「故事體驗設計」(參見圖表 3-4):

一、靈魂:故事靈魂 (想告訴大家什麼?)

二、感覺:故事體驗 (讀者看完的情緒?)

三、樣貌:故事樣貌 (故事呈現的樣子?)

　　在這邊,我以過去一篇介紹憂鬱症的貼文來舉例——這篇貼文在社群上獲得了超過兩萬次收藏,及將近一萬次轉發。直到發出這篇貼文的一年後,我仍不時收到來自讀者的零星私訊,告訴我他們看完這篇懶人包之後所採取的實際行動,以及轉發給有相同際遇的親友後,得到的正向回饋。

　　由於憂鬱症是一個在社群上相對敏感的話題,因此,如果你也擔心自己的創作主題相對冷門、艱澀,可以參考這

篇貼文的設計流程。在社群上，只要用對說故事的方法，大可不必盲目跟隨大家有興趣、容易被炒作的話題；即使是那些看似難以被傳播的主題，也能用對的方式被大家看見。

近45000個愛心
超過20000次珍藏

圖表 4-22　憂鬱症懶人包貼文得到的廣泛迴響

那麼，我是怎麼構思這篇貼文的呢？

首先，我們可以套用故事體驗設計的公式，整理出一篇貼文的核心理念、給人的感覺，以及最終呈現的樣貌（參見圖表 4-23）。

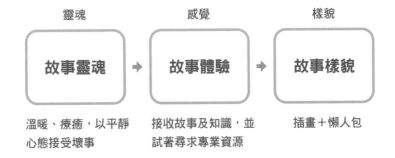

靈魂　　　　　　　感覺　　　　　　　樣貌

故事靈魂 ➡ **故事體驗** ➡ **故事樣貌**

溫暖、療癒，以平靜　　接收故事及知識，並　　插畫＋懶人包
心態接受壞事　　　　試著尋求專業資源

圖表 4-23　利用「故事設計體驗」公式整理主題

　　故事靈魂：延伸品牌精神的溫柔及療癒感，以平靜的
心態接受生命中看似不能改變的壞事。

　　故事體驗：讓觀眾能接收貼文中的資訊，產生「原來
如此啊！」的感覺。

　　故事樣貌：以插畫形式製作懶人包，先以感性的一句
話破題，再分別告訴觀眾「千萬不要做的事」和「你可以做
的事」。

　　切入點：由於這篇貼文的受眾是病友身邊的親友，
因此我選擇以「陪伴者」的身分切入，用「如果你身邊的
人……」而不是「如果你是……」來破題。

最後在文案中，套用本章第一節所提到貼文中的三項要素（參見圖表4-9）：

　　一、**抓住眼球的標題／圖片／文字**：「親愛的人得了憂鬱症，我該怎麼辦？」

這段和上方切入點的說明一樣，因為這篇貼文的受眾很明確，是「憂鬱症病友身邊的陪伴者」，因此第一句話就要明確地讓對應的觀眾知道「這是寫給我看的」（參見圖表4-22）。

　　二、**符合核心價值的故事敘述**：在這邊，我以自己身為過來人的經驗敘述，來呼應圖片中提到的資訊。

　　三、**行動呼籲**：在圖片及文案的最後面提及：一、轉發這篇貼文給需要的親友；二、可以自行選擇延伸閱讀相關的資訊。

　　大概就是這樣，實際設計貼文時，會一次用到故事體驗設計、切入點思維，以及設定行動呼籲的觀念。不管你使用的媒介是圖片、文字、影片或音檔，都可以用這套方法做前期設定；前期設定越完整，後期製作時，才不會遇到必須邊做邊改，或最終成品偏離自己所設定核心價值的窘境。

破題後，帶入正式的知識內容

以大家都有的「記憶」來包裝知識

圖表 4-24　貼文設計範例

**延伸品牌價值
做結尾**

行動呼籲：放在最後面

建立起情感脈絡後，
再對觀眾下達明確指示

圖表 4-24（續） 貼文設計範例

也可掃描以下 QR code 觀看這篇貼文，並歡迎轉寄給
其他需要的人：

品牌價值設計

先思考 　　　　　　再找到 　　　　　　最後建立

個人價值 → 稀缺性 → 社群角色

技術力／行銷力 　　小眾也沒關係 　　找到對的模式

故事體驗設計

靈魂 　　　　　　感覺 　　　　　　樣貌

故事靈魂 → 故事體驗 → 故事樣貌

社群價值設計

刻意設計每張圖及文字

使用情境 → 內容 → 有趣的切入點
　　　　　　　　　　　　↓
　　　　　　　　　　經典設計畫面

圖表 4-25　社群經營相關概念總整理

創作者急救包
——為什麼別人行得通，我卻做不到？

本書即將來到結尾囉！

在這邊，我整理了幾個上課時，最常被不同類型的創作者學生問到的問題，而這些問題也都能以本書提及的內容來解答。你也可以將這個章節當成本書的總複習來閱讀。

插畫／手寫字／視覺類創作者會遇到的問題

問：我經營插畫粉專，明明拚命畫了漂亮的圖，卻總是沒人看……

答：

你是不是掉進「把圖畫好，自然就會有人來看」的陷阱？如果社群經營了一陣子卻不見起色，你可以用第二章第一節的「稀缺性公式」思考能否調整作品的走向。

從文案著手也是一個方法。文案其實和你的插畫本身一樣重要，別再為你的作品配上「今天下午隨筆畫的，使用工具：Procreate」「我畫的一隻狗與貓，2022/5/9」這樣的

文案，可以試著想想看，怎樣用文字介紹作品的靈魂。

生活記錄創作者會遇到的問題：

問：○○明星／網紅的 IG 貼文也只是隨便放張自拍照，就
　　有破萬個讚，為什麼我不行？

答：

　　因為人家的主力根本不在這個平臺。比如○○是家喻
戶曉的電影明星，在大家都已經熟悉他的前提下，社群即使
不用心設計，也能經營得有聲有色。當然，這是比較極端的
情況，如果你的主力就是 Instagram（或其他平臺），就自然
要在貼文品質上花更多工夫設計。

知識類／資訊整理型創作者看會遇到的問題

問：我想做 IG 懶人包，可是想傳遞的知識都超冷門、超小
　　眾，這樣真的有人會看嗎？

答：

　　如同第二章第五節〈為什麼我總是抓不到觀眾的口
味？〉提到的，不用別害怕自己成為小眾創作者，只要切入
點找對了，相應的粉絲自然會慢慢凝聚、愛上你的內容！

問：那麼，具體上該怎麼製作冷門或者議題敏感的貼文呢？

答：

在第四章第五節的〈總複習〉裡，我們介紹了完整的貼文製作流程與心法，只要挑對切入點，並讓整篇文章符合自己的品牌價值，即使再難被看見的議題，也能好好被說出來。

影片創作者看這邊

問：我的設備不夠好，沒有高級相機、麥克風，是不是就沒辦法開始拍片？

答：

請回頭看看第二章第二節〈開始行動，比成為專家更重要〉吧。

先用現有的資源和技術做出 MVP（最小可行性產品）影片，測試觀眾對影片的回饋與想法，並在下一篇貼文中慢慢微調，捨去大家無感的因子。

任何技術面的東西都是可以在過程中改善的，所以別再想了，投入市場後，才會真正知道自己缺少的是什麼！

純文字／新詩創作者會遇到的問題

問：這是我的文案：「你以為愛情就是喜歡的升級版嗎？大
　　錯特錯！」

答：

　　雖然要宣導的觀念可能是正確的，但是請記住，文案
中的每一句話都是在「和受眾溝通」，你可以想想看：你的
受眾真的適合用「來，我教你」這樣的方式溝通嗎（當然在
少數情況下，也可能適合）？尤其文字類創作中，必須留意在
社群與讀者互動的溝通方式是否一致。

問：在這篇文章裡，我想介紹自己的成長背景、第一次戀
　　愛、長大後的感觸……啊！還有最近發生的那個……

答：

　　社群媒體（FB／IG）的確可以使用長文案，在操作正
確下，也能得到很棒的迴響，但你可以觀察一下：那些爆紅
的長文通常只聚焦在「很明確的一個主題」。

　　在觀眾注意力有限的前提下，請你只選擇「一個主
題」，再把它講好就好。

電商／網路店家會遇到的問題

問：買一送一！現折九〇％優惠唷！……奇怪，怎麼都沒
　　人理我？

答：

　　雖然你經營社群的目的確實是販賣商品、宣傳扣折優
惠等，但單純強調價格低廉、優惠多多的資訊，其實無法對
觀眾產生「有效溝通」；在資訊流動快速的社群上，這類貼
文也很容易被觀眾略過。因此，還是要將心力放在與觀眾
有正面關聯的內容，比如「這項商品可以解決你的〇〇問
題」。

所有類型的創作者會遇到的問題

問：我的社群品牌形象是可愛、溫馨、感人，偶爾又有點黑
　　色幽默和負能量～

答：

　　如果你的社群形象過於發散，既要這個，又要那個，
觀看的群眾可能會感到很混亂，也無法以你想要的方式好好
記住你（如果所有東西都是重點，就是沒有重點）。

問：這是我的 IG，請問我要怎麼經營？可不可以直接給我

po 文的建議？

答：

　　如果你希望直接得到這兩個問題的答案，你可能不太適合經營社群。因為社群經營沒有標準答案，需要主動思考受眾需求、重複嘗試後，才能找到適合自己的經營模式。

　　或許你能找到對社群經營有經驗的朋友，而他也可以直接告訴你「文案裡不要放這句話」「這張圖片調亮一點」之類的，但這種餵食式的建議並沒有辦法讓你理解社群經營的脈絡。在社群經營中，所有創作者都是你的教材，觀眾的反應就是你的考卷，而自己就是自己最好的老師。

努力打造的品牌，也會有走下坡的一天

　　雖然這整本書都在談論「怎麼經營社群」「怎麼讓興趣為你工作」，但這裡讓我們誠實地問自己一個問題吧：這件事，你可以做多久？

　　舉個例子來看，你還記得三年前最火紅的網路創作者嗎？那麼五年、十年前的呢？如果說，「能被看見」的難度是十，那麼能長久持續地創作五、六年，還有一群忠實的觀眾，難度可能就是一百。

　　身為一個靠「被人看見」吃飯的創作者，除了想辦法長期維持創作習慣以外，也必須思考自己的退場機制；也就是當創作所引發的迴響漸漸走向下坡，或者在漫長的時間裡，你的創作真的已經被榨乾到無法產生新題材時，該做些什麼事。

　　接下來，我們來介紹一下退場機制，這裡就用「B 方案」來稱呼它。

　　先以大家都能輕鬆理解的例子來介紹 B 方案，這個例

子就是「大胃王」。

想像一下，你是個在螢幕前大啖美食，能在兩小時內吃完五十碗拉麵的大胃王。你靠著拍攝影片的利潤賺取可觀的收入，偶爾還能接到餐飲品牌的業配合作，這種營利模式順利地進行了兩、三年，你也工作得相當愉快。

但是，每天狼吞虎嚥、把胃撐爆的行為，讓你開始覺得身體吃不消，而且每年都會有比你更年輕、更會吃，還更有人格魅力的大胃王出現。即使你亮麗的外型、獨特的談吐及海量的胃口吸引了不少忠實粉絲，你還是能隱約感受到自己無法再像以前那樣，不斷創造下一個顛峰。

這時候，你必須想出自己的 B 方案。這邊我試著舉出幾個可能的選項：

一、走向精緻路線：影片企畫不著重於「吃了多少東西」，而是「專業地評論各類美食」。

二、直接改做其他主題：雖然一開始是以大胃王身分出道，但可以漸漸嘗試拍攝其他題材，例如美食地圖旅遊、烹飪教學等等。

三、與廠商合作，開發自己的品牌：以自己對飲食的專業，與食品廠商開發新產品，推出屬於自己的美食品牌。

四、退居幕後，擔任影片企畫：以過去製作影片的經驗，擔任其他創作者或影片工作室的顧問，提供專業諮詢服務。

接下來再舉一個例子：社群插畫家。

以經營社群為主的插畫家來說，主要的收入來源可能是仰賴在自己的社群上 po 出圖片，而這背後的價值有三項：一、插畫中的畫技與風格；二、後續可以進行的授權運用；三、社群自帶流量，能吸引既有觀眾觀看這張圖片。

但隨著時間過去，如果這位插畫家不再有名，他能提供的價值可能就只剩前面兩項，甚至在人才輩出的壓力下，就連前兩項的價值也都有可能不如以往。

他的 B 方案可能會是：

一、轉向其他題材：同樣擔任社群插畫家，只是創作的內容漸漸以不同於過去的題材為主，例如從畫美食變成畫街景。

一、走向教學路線：學習教學的知識架構，並開設插畫課程。

三、擔任插畫經紀人：以過去接案報價的經驗，和插畫家時期累積的人脈為基礎，擔任其他創作者的經紀人。

四、其他創意工作：這個方法的指涉範圍相當廣，可能是自己開發全新的插畫品牌，也可能是應徵其他公司或團隊的職務。

類型	可能的 B 方案
大胃王	・美食評論 ・飲食周邊 ・旅遊 Vlog
插畫家	・接案設計師 ・創意工作 ・插畫經紀
YouTuber	・教育機構 ・經紀公司 ・節目製作人

類型不同，可能的 B 方案也不同

改做其他主題、退居幕後、與人合作，或是跳槽到類似行業，都是可行的退場機制。

但是這件事情並沒有正確答案。不管是我或你身邊的

所有人，都無法告訴你哪一個 B 方案才是正確的，因為沒有人能精準地預測未來會發生什麼事，你能做的只有提早規畫，盡可能從過去的經驗中想到可行性最高的 B 方案。

不過有個好消息，就是一個社群的「過氣」與「榮景不再」通常不是一、兩天之內就會發生的事，而是在一段時期內逐漸發生的過程，這讓你有充足的時間做好轉型的準備。

你可能會問：我的品牌都還沒紅起來，現在想這個做什麼？

其實創作者的 B 方案就像投資一樣，投資最怕的就是「我還沒賺那麼多錢，現在學這些可以幹嘛？」的心態。因為過了好幾年後，等你累積到了自認為可觀的金錢時，很可能已經錯過了複利在這段時間能帶給你的效益，以及這段過程中能學到的失敗與成功寶貴經驗。

社群經營路上，注定有上坡也有下坡，這是和生老病死一樣遲早會發生的事，不需要避諱去談論與思考；越早做好規畫，才越能讓你的興趣在人生的上下坡持續發光、不斷為你工作。

結論：先想好退場機制，在一開始就為可能到來的那天鋪路。

慢慢來，最快

恭喜你，把這本書讀完囉！

再複習一次如何讓興趣為你工作吧：

一、從無償進行到有價販售，找到你的興趣能解決誰的問題，透過稀缺性公式建立自己的獨特品牌。

二、從埋頭拚命做到規模化進行，讓更多人幫助你執行你的興趣，為自己省下進行繁雜工作的時間。

三、透過社群媒體整合內容，透過自己的切入點與說故事技巧，將興趣包裝成有趣的內容，圈出屬於自己的忠實觀眾、建立社群影響力。

四、最後是讓素材為你工作，讓自己只須工作一次，就能享有未來的效益。

我花了幾年的時間探索這些方法，讓我從原本在路邊畫一單賺一單的街頭畫家，成為讓興趣為自己工作的社群工作者。

我一直覺得，經營社群這件事的邏輯其實跟減重非常像。大家都知道，減重要控制飲食、運動、早睡、多喝水，但能做到的人卻少之又少，原因就在於做這件事的回饋來得很慢（減重不會因為你超努力三天就有成效）。在短期堅持卻看不見成效的挫折下，人們便開始傾向尋找枝微末節的方法——以減重來說，可能是「只吃蘋果就能瘦」「只要喝了這杯瘦瘦奶昔，就算三餐大吃特吃也沒關係」這類看似神奇的偏方。

　　然而最有效的到底是什麼，相信大家應該都很清楚。

　　以社群來說，偏方可能是「幾點幾分發文就對了」「跟風做這個就可以爆紅」「○○○就是流量密碼」。

　　這些的確有可能帶給你一時的成效，但最重要的仍是那些聽起來有點無聊的老方法：設計好每一篇內容，保持一定的品質，用對的方式說給對的人聽。

　　此外，每週固定時間貼文、和熟悉的粉絲互動、持續營造內容神祕感、持續為了與廠商合作準備，不斷適應新的演算法、尋找新的平臺與機會，讓你的社群擁有更多可能性，成為你將興趣經營成工作的有力工具。

　　讓我們慢慢變厲害吧，因為這才是最快的方法。所有的故事設計或社群經營法其實都很簡單，難的是長期堅持做

到這些事。那些走在業界的頂尖創作者，都是這樣默默耕耘出來的；事實上，你並不需要爆紅，因為這樣你就不會有過氣的問題。

現在，這些道理大家都應該學會了，讓我們從今天開始慢慢變有名、慢慢成為厲害的社群人吧。

在這本書的尾聲，不管你想把興趣當成工作，或者讓工作變成興趣，都祝福你能在過程中學到更多。

最後，讓興趣為你工作。

國家圖書館出版品預行編目資料

社群故事圈粉術：將流量變現，讓興趣為你工作／街頭故事 李白 著
--初版--臺北市：究竟，2022.09
　　240 面；14.8×20.8公分 --（第一本：115）

　　ISBN 978-986-137-382-9（平裝）
　　1..CST：網路社群　2.CST：網路行銷
496　　　　　　　　　　　　　　　　　　　　　111011286

Eurasian Publishing Group
圓神出版事業機構
用心與你對話・締妙無限寬廣

究竟出版社
Athena Press

www.booklife.com.tw　　　　　　　　reader@mail.eurasian.com.tw

第一本　115

社群故事圈粉術──將流量變現，讓興趣為你工作

作　　　者／街頭故事 李白
發 行 人／簡志忠
出 版 者／究竟出版社股份有限公司
地　　　址／臺北市南京東路四段50號6樓之1
電　　　話／（02）2579-6600・2579-8800・2570-3939
傳　　　真／（02）2579-0338・2577-3220・2570-3636
總 編 輯／陳秋月
副總編輯／賴良珠
專案企畫／尉遲佩文
責任編輯／林雅萩
校　　　對／街頭故事 李白、林雅萩、丁予涵
美術編輯／林雅錚
行銷企畫／朱智琳・陳禹伶
印務統籌／高榮祥・劉鳳剛
監　　　印／高榮祥
排　　　版／莊寶鈴
經 銷 商／叩應股份有限公司
郵撥帳號／18707239
法律顧問／圓神出版事業機構法律顧問　蕭雄淋律師
印　　　刷／龍岡數位文化股份有限公司
2022年9月　初版

定價 430 元　　　　ISBN 978-986-137-382-9　　　版權所有・翻印必究